孩子超喜爱的科学日记

肖叶 李昂/著 杜煜/绘

物理

真有趣

**以日记为引，讲物理百科
1分钟了解1个知识点**

人民文学出版社 天天出版社

日记好看，科学好玩儿

国际儿童读物联盟主席 张明舟

人类有好奇的天性，这一点在少年儿童身上体现得尤为突出：他们求知欲旺盛，感官敏锐，爱问"为什么"，对了解身边的世界具有极大热情。各类科普作品、科普场馆无疑是他们接触科学知识的窗口。其中，科普图书因内容丰富、携带方便、易于保存等优势，成为少年儿童及其家长的首选。

"孩子超喜爱的科学日记"是一套独特的为小学生编写的原创日记体科普童书，这里不仅记录了丰富有趣的日常生活，还透过"身边事"讲科学。书中的主人公是以男孩童晓童为首的三个"科学小超人"，他们从身边的生活入手，探索科学的秘密花园，为我们展开了一道道独特的风景。童晓童的"日记"记录了这些有趣的故事，也自然而然地融入了科普知识。图书内容围绕动物、植物、物理、太空、军事、环保、数学、地球、人体、化学、娱乐、交通等主题展开。每篇日记之后有"科学小贴士"环节，重点介绍日记中提到的一个知识点或是一种科学理念。每册末尾还专门为小读者讲解如何写观察日记、如何进行科学小实验等。

我在和作者交流中了解到本系列图书的所有内容都是从无到有、从有到精，慢慢打磨出来的。文字作者一方面需要掌握多学科的大量科学知识，并随时查阅最新成果，保证知识点准确；另一方

面还要考虑少年儿童的阅读喜好，构思出生动曲折的情节，并将知识点自然地融入其中。这既需要勤奋踏实的工作，也需要创意和灵感。绘画者则需要将文字内容用灵动幽默的插图表现出来，不但要抓住故事情节的关键点，让小读者看后"会心一笑"，在涉及动植物、器物等时，更要参考大量图片资料，力求精确真实。科普读物因其内容特点，尤其要求精益求精，不能出现观念的扭曲和知识点的纰漏。

"孩子超喜爱的科学日记"系列将文学和科普结合起来，以一个普通小学生的角度来讲述，让小读者产生亲切感和好奇心，拉近了他们与科学之间的距离。严谨又贴近生活的科学知识，配上生动有趣的形式、活泼幽默的语言、大气灵动的插图，能让小读者坐下来慢慢欣赏，带领他们进入科学的领地，在不知不觉间，既掌握了知识点，又萌发了对科学的持续好奇，培养起基本的科学思维方式和方法。孩子心中这颗科学的种子会慢慢生根发芽，陪伴他们走过求学、就业、生活的各个阶段，让他们对自己、对自然、对社会的认识更加透彻，应对挑战更加得心应手。这无论对小读者自己的全面发展，还是整个国家社会的进步，都有非常积极的作用。同时，也为我国的原创少儿科普图书事业贡献了自己的力量。

我从日记里看到了"日常生活的伟大之处"。原来，日常生活中很多小小的细节，都可能是经历了千百年逐渐演化而来。"孩子超喜爱的科学日记"在对日常生活的探究中，展示了科学，也揭开了历史。

范小米
米 粒

皮尔森
高 兴

童晓童
童 童

　　她叫范小米，同学们都喜欢叫她米粒。他叫皮尔森，中文名叫高兴。我呢，我叫童晓童，同学们都叫我童童。我们三个人既是同学也是最好的朋友，还可以说是"臭味相投"吧！这是因为我们有共同的爱好。我们都有好奇心，我们都爱冒险，还有就是我们都酷爱科学。所以，同学们都叫我们"科学小超人"。

童晓童一家

童晓童 男，10岁，阳光小学四年级（1）班学生

我长得不能说帅，个子嘛也不算高，学习成绩中等，可大伙儿都说我自信心爆棚，而且是淘气包一个。沮丧、焦虑这种类型的情绪，都跟我走得不太近。大家都叫我童童。

我的爸爸是一个摄影师，他总是满世界地玩儿，顺便拍一些美得叫人不敢相信的照片登在杂志上。他喜欢拍风景，有时候也拍人。其实，我觉得他最好的作品都是把镜头对准我和妈妈的时候诞生的。

我的妈妈是一个编剧。可是她花在键盘上的时间并不多，她总是在跟朋友聊天、逛街、看书、沉思默想、照着菜谱做美食的分分秒秒中，孕育出好玩儿的故事。为了写好她的故事，妈妈不停地在家里扮演着各种各样的角色，比如侦探、法官，甚至是坏蛋。有时，我和爸爸也进入角色和她一起演。好玩儿！我喜欢。

我的爱犬琥珀得名于它那双"上不了台面"的眼睛。在有些人看来，蓝色与褐色才是古代牧羊犬眼睛最美的颜色。8岁那年，我在一个拆迁房的周围发现了它，那时它才6个月，似乎是被以前的主人遗弃了，也许正是因为它的眼睛。我从那双琥珀色的眼睛里，看到了对家的渴望。小小的我跟小小的琥珀，就这样结缘了。

范小米一家

范小米 女，10岁，阳光小学四年级（1）班学生

　　我是童晓童的同班同学兼邻居，大家都叫我米粒。其实，我长得又高又瘦，也挺好看。只怪爸爸妈妈给我起名字时没有用心。没事儿的时候，我喜欢养花、发呆，思绪无边无际地漫游，一会儿飞越太阳系，一会儿潜到地壳的深处。有很多好玩儿的事情在近100年之内无法实现，所以，怎么能放过想一想的乐趣呢？

　　我的爸爸是一个考古工作者。据我判断，爸爸每天都在历史和现实之间穿越。比如，他下午才参加了一个新发掘古墓的文物测定，晚饭桌上，我和妈妈就会听到最新鲜的干尸故事。爸爸从散碎的细节中整理出因果链，让每一个故事都那么奇异动人。爸爸很赞赏我的拾荒行动，在他看来，考古本质上也是一种拾荒。

　　我妈妈是天文馆的研究员。爸爸埋头挖地，她却仰望星空。我成为一个矛盾体的根源很可能就在这儿。妈妈有时举办天文知识讲座，也写一些有关天文的科普文章，最好玩儿的是制作宇宙剧场的节目。妈妈知道我好这口儿，每次有新节目试播，都会带我去尝鲜。

　　我的猫名叫小饭，妈妈说，它恨不得长在我的身上。无论什么时候，无论在哪儿，只要一看到我，它就一溜小跑，来到我的跟前。要是我不立马知情识趣地把它抱在怀里，它就会把我的腿当成猫爬架，直到把我绊倒为止。

皮尔森一家

皮尔森 男，11岁，阳光小学四年级（1）班学生

　　我是童晓童和范小米的同班同学，也是童晓童的铁哥们儿。虽然我是一个英国人，但我在中国出生，会说一口地道的普通话，也算是个中国通啦！小的时候妈妈老怕我饿着，使劲儿给我搋饭，把我养成了个小胖子。不过胖有胖的范儿，而且，我每天都乐呵呵的，所以，爷爷给我起了个中文名字叫高兴。

　　我爸爸是野生动物学家。从我们家常常召开"世界人种博览会"的情况来看，就知道爸爸的朋友遍天下。我和童晓童穿"兄弟装"的那两件有点儿像野人穿的衣服，就是我爸爸野外考察时带回来的。

　　我妈妈是外国语学院的老师，虽然才36岁，认识爸爸却有30年了。妈妈简直是个语言天才，她会6国语言，除了教课以外，她还常常兼任爸爸的翻译。

　　我爷爷奶奶很早就定居中国了。退休之前，爷爷是大学生物学教授。现在，他跟奶奶一起，住在一座山中别墅里，还开垦了一块荒地，过起了农夫的生活。

　　奶奶是一个跨界艺术家。她喜欢奇装异服，喜欢用各种颜色折腾她的头发，还喜欢在画布上把爷爷变成一个青蛙身子的老小伙儿，她说这就是她的青蛙王子。有时候，她喜欢用笔和颜料以外的材料画画。我在一幅名叫《午后》的画上，发现了一些干枯的花瓣，还有过了期的绿豆渣。

目 录

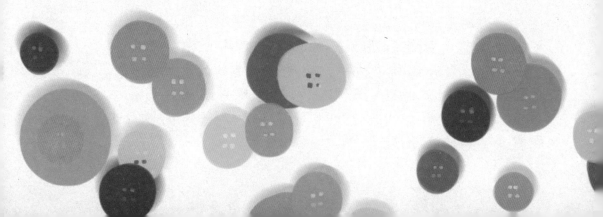

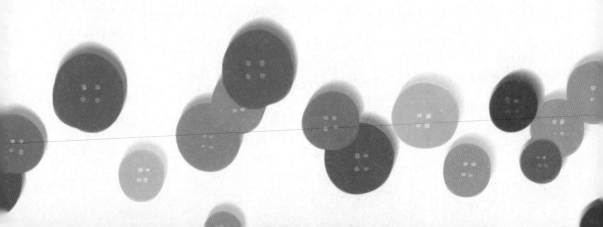

1月7日 星期日
厨房里的除冰剂

　　早晨，我和高兴、米粒约好要去昆虫馆玩儿。走之前，妈妈问我为什么要像招财猫一样不断地上下摇摆胳膊。好吧，我这么做其实是为了试试怎么以最短的时间开门。今天实在是太冷了，不快点儿打开门的话，金属门把手超强的导热能力会把我身上为数不多的热量吸走！

我飞速打开门，一只巨大的毛毛虫居然站在门口。我一下子愣住了：昆虫馆啥时候搬到家门口了？还是我已经穿越到微观世界了？我仔细一瞧，哈哈，原来这虫子是范家的。范小米的脸是我从这件毛毛虫棉袄里捕捉到的唯一的人类信息。

范小米的意思是，让我跟高兴也穿上这样的毛毛虫棉袄，还要像某种毛毛虫那样，一个个首尾相接排着队走去昆虫馆。这的确是很"虫"的走路方式，而且极其适合用在去往昆虫馆的路上。可是，要做到首尾相接，得爬行才可以，难道我们真的要这么别开生面地走一遭吗？

米粒倒是很淡定，她说，起码这一路上我们不会冻僵啊，因为毛毛虫棉袄的保温效果超级棒。"是吗？"我用怀疑来表达抗议。米粒没听出我的弦外之音，认真地解释说，毛毛虫棉袄可以保留更多的空气在衣服里面，而空气是很差的导热体，所以，暖和是一定的。

米粒从包里翻出另一件毛毛虫棉袄。还没等我挤出心甘情愿的表情，高兴就来了。慢着，他怎么像袋鼠一样，一跳一跳地走路？高兴说，今天太冷了，跟太空一样冷，所以他要用航天员走路的样子来纪念这个坏天气，还要这样子走去昆虫馆。米粒很不以为然，她说太空里的温度大概是零下 270 摄氏度，比今天可冷多了！幸亏太空里没有空气，不然连空气都会冻得硬邦邦，我们就算穿上毛毛虫棉袄也没用，冻成冰棍儿那是必然的。

问题是，我们到底应该用"虫"步还是"袋鼠"步去昆虫馆呢？我满以为这事儿是由我来决定的，没想到，高兴却对"虫"步产生了浓厚的兴趣。他还爆料说，其实，他像袋鼠那样一跳一跳的，完全是因为路上结冰，他的左腿摔疼了，才用右腿跳着走的。我就这样欲哭无泪，孤立无援了。

不过，高兴不是刚刚滑倒过吗，所以，我提议，现在比走"虫"

步更迫切的任务是除冰。"科学小超人"终于在这一点上达成了共识。可是，米粒并不打算干那些挥汗如雨扛着铁锹铲冰的体力活儿——我能理解，她正穿着"毛毛虫"呢！所以，我把厨房里所有的盐都带上了。

我们把盐撒在结冰的路面上。盐会让水的凝固点下降，使已经除过冰的路面上不容易再次结冰。高兴却遗憾地说，要是海水里没有那么多的盐，它就会更容易结冰，冬天时我们就会多了好大一块免费溜冰场！是挺遗憾的，如果高兴是溜冰高手而不是滑倒专家的话。

晚上回家后，妈妈问我："家里的白糖怎么都没了？"白糖？呃……

科学小贴士

如果说到盐让你想到的只是吃，那你就太小看这个家伙了。盐可是个"跨界全能选手"，不仅可以除冰，它还可以杀虫灭菌。更厉害的是，如果在硬盘制造过程中使用氯化钠（食盐的主要成分），可以增加硬盘的数据记录密度，使其变为现有存储密度的 6 倍呢！

13

2月18日 星期日
可怕的噪声

过年这几天，有一个可恶的家伙总是来骚扰我！每当烟花照亮天空，它就会出现。这个家伙很狡猾，它能轻而易举地溜进房间，在我身边蹦来跳去，可我赶不走它。这次说的不是米粒，而是臭名昭著的噪声。噪声的名声到底有多臭，看看噪声有多少抗议者就知道了！噪声大到一定程度，我们的眼球就会震动，

大脑会产生杂乱无章的信号，肠子的反应也很激烈，它会使人的肠子剧烈震动，让他们只想赶紧找个厕所钻进去！

其实，我感觉自己还能撑得住，但不知道抵挡噪声的墙壁还能坚持多久。噪声来的时候，我能感觉到屋子的墙壁已经有些发抖了。这也难怪，噪声的力量很大，美国航天局测得火箭发射时的噪声最高可达 205 分贝，这样高的噪声，在一定的条

件下，可以摧毁某些结构的墙壁。

好吧！我必须想个法子遏制一下这让人厌恶的噪声了。对付噪声这样强大的对手，以柔克刚是个好办法。像窗帘或者毛毯这类的软材料都是不错的选择，另外装鸡蛋用的纸托也是很好的隔音材料。为了隔绝噪声，我决定把自己的被子贡献出来挂在窗户上。被子能够吸收声波的能量，这样噪声就没那么大的威力了。挂好后屋里真的安静了许多，消音计划圆满成功了！

为了消除噪声，我失去了自己的被子，这时就有一件好事和一件坏事摆在了我的面前。好事是，声波的能量会使我的被子发热；坏事是，如果今晚我不盖被子，准会感冒！

科学小贴士

即使是在轰隆隆的地铁上，我们也经常倒头就睡。其实只要能适应，我们甚至可以在 40～60 分贝的噪声环境里进入梦乡。但是我们夜间睡眠时的噪声环境当以年平均 40 分贝以下为宜，长时间在 55 分贝以上的环境中睡眠可能对血压和心脏有不利的影响。如果噪声继续变大，会严重影响身体健康。科学家发现 150 分贝的噪声足以爆破你的耳膜，185～200 分贝的噪声甚至可以致人死亡。

4月3日 星期二
与蜻蜓赛跑

一觉醒来，我准备像往常一样从床上爬起来，但是奇怪的事情发生了，我竟然飘了起来！天哪，我长出了一对翅膀，我变成了天使！等等，可我怎么是6条腿，而且还拖着长长的尾巴？呃，我好像成了一只……"快抓住那只蜻蜓！"高兴和米粒不知道从哪里冒了出来，他们正拿着抄网冲我狂奔。当我看到高兴跑步时上下颤动的小肥肉，就忍不住想要嘲笑这个家伙。

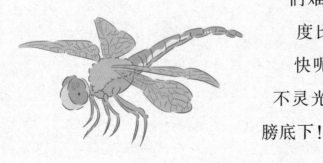

想抓到我？他们还真是不自量力！他们难道不知道，蜻蜓的飞行速度比普通成年人的跑步速度还快呢！米粒和高兴这两个体育不灵光的家伙，铁定败在我的翅膀底下！

"你怎么躺在地上？"一个熟悉的声音让我一下子从飞行模式转入紧急迫降。我睁开眼，妈妈就站在床边。原来，飞得那么爽只是一场梦啊，而且我居然从床上掉了下来！不过，我马上故作镇定地说："其实我躺在地板上是为了暖和些。在接近地面的大气层中，高度每上升1000米，气温就下降6~7摄氏度呢。床这么高，躺在上面会冷的。"哈哈！看来，我真不愧是编剧的儿子，轻而易举就掩饰了从床上掉下来这件事儿！

　　在学校晨练的时候，我迫不及待地把这个奇怪的梦告诉了米粒和高兴。没想到米粒很不服气，她说："昨天的梦不公平，因为你是在空中飞，而我们是在地上跑。在不同的地方运动，速度会不一样！比如在水里运动阻力很大，所以速度就慢。"高兴插了一句："难怪世界上最快的潜水艇比客运大巴还要慢呢！堵车除外啊！"我不由自主地陷入潜水艇和大巴赛跑的白日梦中，米粒看我有点儿走神，使劲儿捏了一下我的耳朵。

我还没来得及喊疼呢，她又开始唠叨了："要不你去抓只蜻蜓，不让它在天上飞，而让它在地上跑，我们再来比比到底谁快！"

　　一个梦而已，米粒也太较真儿了吧！我故意逗她："哪儿有那么乖的蜻蜓啊！不在天上飞，却要在地上跑，除非它翅膀断了，要不就是它疯了！"米粒心里那个窝火，都烧到脸上了。高兴赶紧给米粒"灭火"："跟蜻蜓赛跑算什么事儿，想想这个吧！地球不是一直在自转吗？所以如果你在赤道地区，你就算坐着不动，其实也是以平均每小时约1600千米的速度自西向东运动。再往大了想，地球不是还绕着太阳以每小时大约11万千米的速度公转吗？所以，你的速度是不是很惊人？"米粒的情绪纬度已经从赤道退回了温带，高兴却好像刹不住车了，"等等，还有更快的！太阳系不是在以每小时大约90万千米的速度绕银河系旋转吗？"听到这儿，我和米粒都很配合地抱住了距离最近的树干，生怕被这么彪悍的速度甩进太空。

　　吃午饭的时候，虽然我们仨还安稳地待在地球上，可我惦记着太阳系速度的事儿，难以下咽，怕吃多了在飞越太空时吐得太难看。米粒也在吃上面装淑女，我想她这回跟我想到一块儿了。高兴好像猜透了我们的心思，轻描淡写地说："其实运动是相对的，虽然我们现在正以超高速飞越太空，但是，我们相对于地球是静止的。"哦，原来如此！

　　那就——敞开肚皮，吃吧！

科学小贴士

　　1960 年美国飞行员基廷格从海拔 31.3 千米，约为珠穆朗玛峰高度 3.5 倍的一个氦气球上跳伞，在降落伞打开之前自由下降了创纪录的 4 分 36 秒，最大下降速度为每小时 898 千米。2012 年奥地利人鲍姆加特纳从 39 千米的高度跳下，自由下降了 4 分 20 秒，最高速度达到了每小时 1340 千米，超过了音速。2014 年，美国计算机科学家艾伦·尤斯塔斯从 41.4 千米的高处一跃而下，自由下降了 4 分 27 秒，最高速度为每小时 1323 千米，创下了最高跳伞高度和自由落体总距离（37.6 千米）的新纪录。

4月27日 星期五
快点儿流出来!

早晨,我对着浴室的镜子龇牙咧嘴,正打算把嘴里24个洁白的小家伙刷洗干净,突然想起了米粒的谆谆教诲:"做所有的事情,都要想尽一切办法省力。"米粒说,最强大脑都是这样练成的。但是,高兴认为这只是懒汉练成术而已。

不管啦，我长这么大，从来没有不挤牙膏而让它自己流出来，今天就来尝试一下吧！我把牙膏尾巴拎起来，管口对着牙刷。不知过了多久，我的胳膊已经酸痛难忍了，牙膏还是没有自动流出管口。看来，做这个实验需要超好的臂力才行。我坚持不住了，只好把牙膏尾巴靠在浴室的玻璃镜子上。我想，倒放的牙膏由于重力的原因，会极其缓慢地向管口流动。我就是要看看，等我放学回来，它到底能流出来多少！

老实说，我今天只用清水漱了漱口就上学去了，为了不让米粒和高兴猜到我昨晚吃了什么，我一直避免对着他们开口说话。可是，午饭的时候，我实在忍不住，对着米粒大声说："你究竟在干什么？"米粒不知道哪根神经搭错，她非要让塑料瓶里所剩不多的番茄酱自己流出来，而不想通过挤压的方式把它挤到盘子里的薯条上。

米粒对我不理不睬，高兴对我耳语："你还不知道米粒的脾气吗？作为牛顿的粉丝，她怎么能够容忍像番茄酱这种叫作'非牛顿流体'的东西呢？"什么？非牛顿流体？这是什么东西？

高兴不愧是好兄弟，还没等我不耻下问，就开始诲人不倦了："像蜂蜜这种东西，你就算搅得胳膊都废了，也不能把它从稀薄变得黏稠，或者从黏稠变得稀薄。但是，番茄酱、牙膏这样的东西就不一样了，只要我们施加外力，它就会改变自己的结构，变得更加稀薄或者黏稠。"

牙膏？啊，我终于明白今天早上等牙膏自己流出来的主意有多么蠢了！不过，米粒和高兴还不知道这件事儿，嘿嘿！

米粒跟番茄酱较上劲了，估

计没有 1 个小时，我们都吃不上蘸了番
茄酱的薯条。为了转移米粒的注意力，
高兴提议做一个非牛顿流体！感谢食
堂大叔友情提供了一些玉米淀粉和清
水。玉米淀粉的量大概是水的 3 倍，
把水一点儿一点儿加到玉米淀粉里，并
且不停地搅拌，让这两种东西混合在一起，这样我们就有了非
牛顿流体。当拍打和挤压它的时候，它会变得像固体一样坚硬，
但要是用手掌轻轻托着它，它又会变得稀薄，从指缝间悄悄地
溜走。真是太神奇了！

科学小贴士

　　如果不慎掉入流沙怎么办？流沙是水和沙的混合物，它
看上去貌似干爽结实，但只要你踩上去，就可能不幸地沉下
去。奋力挣扎只会让流沙越来越黏稠，而且你将会越陷越深。
最好的办法是不要胡乱挣扎，尽量将四肢分开，增加身体与
沙子的接触面积，等待救援或设法自行脱险。

5月2日 星期三 墙上的彩虹

昨晚下了整整一夜雨，我预备了一个大塑料盆，跟高兴相约划"盆"上学。可是，今早老天挂出彩虹，等于发布了停雨通告。

到了教室，米粒和高兴一边吃早餐，一边对没法划"盆"上学表示十分遗憾。我随口说了一句："还有更遗憾的呢！"米粒和高兴一个停下了咀嚼，一个中止了吞咽，等待我的下文。我表情沉痛："可怜的琥珀，彩虹这么美，它却只看到黄蓝灰，最多也只是深灰、浅灰、暗黄、亮黄、浅蓝和

深蓝。"

"什么？！"米粒拍案而起。

米粒的反应太让我感动了。我从来没想过，除了小饭，米粒会对另一物种的成员如此同情。

可是，我错了。让米粒拍到手疼的，其实是我跟高兴"偷偷"看了彩虹，竟然没有打电话叫上她。真是冤枉！彩虹就挂在天上，抬眼就能看见，用得着偷看吗？

米粒却不依不饶，非让我跟高兴在一天之内给她造一道彩虹出来。

天哪，我连面条都没有做过，怎么做得出彩虹呀！高兴也是！

我们思来想去，只有拿个"高仿货"来应付了。

高兴版的"高仿货"是这样的：他用墙角洗抹布的脸盆打了满满一盆水，端到教室外面可以看到阳光的地方。再把一块镜子放进盆里，斜靠着盆壁，让镜子面朝太阳。我的任务就是举着一大张白卡纸蹲在脸盆旁边，还要不停地调整位置，直到米粒发出尖叫。

"啊，快看！"米粒的尖叫说明了一件事——我们的彩虹制造成功了！

高兴打包票说，只要米粒想看，他随时都能为她做一道彩虹！不过，那也得太阳给面子才行。因为这道彩虹的制造原理是这样的：太阳光原本是由不同颜色的光组成，它们的波长各不相同。阳光从空气中射进水里，发生折射，经过镜子的反射，又从水中进入空气，再次发生折射。不同波长的光因为折射率不一样，经过两次折射，就彼此分开了。再用小镜子反射到白卡纸上，想看不到彩虹都难！

看到米粒意犹未尽的样子，我说："高兴做的彩虹，是把光拆分了，我能把那些拆开的光再组合起来！"

米粒用手"握住"纸上的彩虹："是这样吗？"

哈哈，怎么可能！

要玩这种魔术，需要一个叫作"颜色轮"的东西。很简单，

先用一张白色硬纸剪出一个直径82毫米的圆盘,用一根铅笔穿过圆心，要保证搓动铅笔时，圆盘能又快又稳地转动才可以。然后，把圆盘平放在桌上，在圆盘的下边沿放一把

尺子，比着尺子的零点在圆盘相应的位置做个记号。再让圆盘沿着尺子滚动。在圆盘滚到 76 毫米、114 毫米、146 毫米、190 毫米和 234 毫米时，分别在圆盘上做记号。接着，从圆盘的圆心向所有的记号画直线，把圆盘分成 6 个大小不等的扇形。面积最大的扇形涂上红色，然后依次是橙、黄、绿、蓝、紫。现在，我就能施展我的搓笔神技啦！套在铅笔上的颜色轮飞快地旋转起来，渐渐地，6 种色彩都看不见了，圆盘变成了白色。米粒看呆了，连尖叫都忘了。

科学小贴士

对于制造彩虹这件事，牛顿同样充满了兴趣。他将三棱镜放在阳光下，阳光通过两次折射就被分散成了七种颜色。但这不是牛顿的原创，其实早在牛顿之前，就已经有好多人这么干过，不过他们都认为阳光是纯净的，没有其他颜色，而彩色光是变化了的光。牛顿通过改进他人的实验，提出了阳光其实是一种复合而成的光，为色彩理论奠定了基础。

5月22日
星期二
大力士的较量

高兴今天情绪很低落，因为他这一个星期都得给米粒当小跟班，还要忍受米粒的奚落。

事情的经过是这样的……

昨天下午课间休息时，高兴突发奇想，夸口说他的一根手指比米粒全身的力气都大。米粒当然不服气，于是高兴让米粒挺直腰坐在椅子上，他用一根手指顶住米粒的脑门儿，让米粒试试看能不能站起来。果然，米粒用尽全力也无法离开椅子，还惹得一帮好事的男生一阵哄笑。

正在高兴扬扬得意的时候，气呼呼的米粒却突然醒悟了。原来，人要从椅子上站起来，需要前倾身体，然后才能借助双脚发力。米粒的头被顶住，身体无法前倾，所以站不起来。她说高兴这是作弊，根本不是靠自己的力气获胜。如果这样都算数的话，她也能让高兴尝尝被打败的滋味。

高兴正得意忘形，没想到细胳膊细腿的米粒敢向他挑战。于是，他们约定放学后再比试一次，由米粒决定比赛方法。如果她又输了，就把她的宝贝平板电脑给高兴玩儿 7 天；如果高兴输了，就要给米粒当一星期的小跟班，随叫随到，听从指挥。

不料，米粒出的题目非常简单：如果高兴能把她插在一起的两本书拉开，她就认输，而且心服口服。虽然我和高兴是最要好的铁哥们儿，但我仍不禁为米粒捏了一把汗。这题目对高兴来说，也太简单了，米粒这是要自虐的节奏啊。

没想到的是，奇迹发生了！高兴接过那两本书页交叉在一起的书，用尽了吃奶的力气也无法把它们拉开。如果不是亲眼看着米粒像洗扑克牌那样把两本书一页一页地相互叠插在一起，我真会怀疑她在书页上涂了胶水。

结果就是：高兴不但没能玩儿上平板电脑，还把自己也输了出去。

米粒小贴士：其实她真的没抹胶水！首先，大气压力把纸张都挤在了一起。其次，纸张之间有摩擦力，虽然两张纸间的摩擦力很小，但是如果纸的数量足够多，就能够难倒高兴了！

看到高兴魂不守舍的样子，我也挺替他发愁。要是米粒真像他担心的那样，正在上课的时候命令他去讲台上翻跟头可怎么办？真不知道这一星期他该怎么过。不过，还好，整整一天，除了让高兴替自己打了两次开水，米粒没有命令他做任何事。我看得出，高兴悄悄地松了口气。

这件事让我和高兴重新认识了米粒。别看她这么瘦弱又娇气，生起气来也有很强悍的一面。高兴说，其实他很佩服米粒的气量，如果那天是米粒输了，他一定会想办法捉弄她一下。

科学小贴士

觉得自己的力气很大吗？试试能不能把自己提起来。哈哈，失败了吧！不过，这可不是因为力气不够。即使是世界上力气最大的大力士也无法提起自己。那是因为抓着自己往上提的力和它所产生的反作用力大小相等，且都作用于人自身，所以它们就互相抵消掉了。

5月26日 星期六
"噼噼啪啪"的静电

　　早晨，一阵急促的电话铃声将我惊醒。我气愤地拿起电话，里面传来高兴的声音。他打翻了厨房的调料盒，把盐和胡椒粉撒在了一起。所以，他请我和米粒在他爸妈回来前帮他收拾好这个烂摊子！

　　我赶到高兴家的时候，米粒已经来了。她和高兴正一人拿着一个放大镜，专心致志地把盐从胡椒粉里挑出来。看到米粒满头大汗，还以为她干了什么重体力活儿。米粒见我来了，有气无力地说："你

还不快来帮忙，再这样挑下去我一定会疯的！我宁愿去跟妈妈学织毛衣！"

其实，从一进门，看到高兴家沾满了灰尘的电视机，我就想到该请谁来帮我们的忙了！我让高兴找来一把塑料勺子，在他的头发上摩擦这把勺子。不过，高兴说他没洗头，我们只好找来一件毛衣代替高兴的头发。一切就绪！最后要做的，就是将摩擦过的塑料勺子放到胡椒粉和盐的上方，调整到合适的高度，胡椒粉立马跳到勺子上去了。

高兴和米粒用崇拜的眼神看着我。他们虽然不承认，但我能感觉得到！

让胡椒粉"秒跳"的原理很简单：塑料勺子因为和毛衣摩擦而带上了静电，静电可以吸引轻小的物体，所以勺子上

的静电吸起了比较轻的胡椒粉。同样的道理，电视机的屏幕带有静电，它的上面就吸附了大量的空气中的灰尘，就像个会播节目的静电除尘器！

米粒听了我的解释，忍不住猜想："那我用一个气球摩擦头顶，不就变成'怒发冲冠'了吗？"的确，米粒要真这么做，头发就会粘到气球上。要是她想来一个"孔雀开屏"的发型，我和高兴不会拒绝再拿两个气球，分别摩擦她左右两边的头发。

不过，米粒对"孔雀开屏"不感兴趣，她也不想当着同学的面"怒发冲冠"。所以，她说她打算每天随身带着免洗护发喷雾，以免我跟高兴哪天神经搭错，偷改她的发型。她只要把喷雾喷在头发上，就能防止静电的骚扰。

正在我们为米粒的新发型出谋划策的时候，传来了钥匙开门的声音。坏了，高兴的爸爸妈妈回来了，那堆盐还撒在桌子上呢……

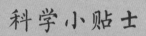

科学小贴士

　　早在公元前6世纪的希腊，人们就发现了琥珀摩擦后能够吸引轻小物体的静电现象，只是这种现象在当时还不能得到科学解释，所以被称为"琥珀之力"。哦，这个琥珀可不是我家里的那个琥珀！16世纪末，英国物理学家威廉·吉尔伯特发现玻璃、胶木、水晶之类的东西用呢绒或者丝绸摩擦后也能吸引轻小物体。他认识到这也是一种电现象。只不过这些物体所带的电荷是不流动的，所以它们才叫"静电"。

6月24日
星期日
路边的奇景

今天实在是太热了！

我和高兴、米粒参加完课余小组的活动，走在回家的路上。太阳正在发威，马路上蒸腾着滚滚热浪。米粒蔫蔫的，高兴一口气吃了四个冰激凌还喊热。我一边走一边无可奈何地想着不知在哪本书上看到过：我们感觉到的热其实就是原子或者分子的振动。原子振动得越快，我们就感觉越热。真不知道这条烫脚的柏油路为什么这么兴奋，它的分子振动个没完，怎么就不能冷静点儿呢？

我正在神游，米粒忽然捅了捅我。我回头一看，只见高兴把米粒防晒用的白衬衫整个儿包在头上，只露出

两只眼睛和鼻子。看到我们吃惊的表情，他解释说，因为白色吸收热的能力最弱，因此从理论上来讲，他现在这副模样应该会感觉凉快些。真是个纸上谈兵的家伙，他这样捂着头，热量无法散发出去，觉得凉快才怪！果然，还没坚持两分钟，他就受不了了，解下衬衫使劲儿地扇着，一边嘟囔着还是祖先们传下来的土办法有效，热了就得扇风。

过了一会儿，高兴又突发奇想，说跑起来空气流动速度快，会蒸发更多的汗液，一定能凉快些。我和米粒吃惊地看着一个胖子在烈日炎炎的马路上汗流浃背地向前冲。

不到两分钟，那家伙又停在路边的一棵树下"吭哧吭哧"喘起了粗气。我们俩无限同情地看着他这样变着花样折腾自己，真有点儿担心他会被烤化，消失在马路上。

米粒忽然一

脸严肃地说："有一个比较省力气的降温方法，你或许应该试试。""什么方法？"高兴一脸期待。"你张开嘴，把舌头伸出来喘气试试看。"高兴可能是热糊涂了，还真的按照米粒说的喘了几下。我实在憋不住哈哈大笑起来："别喘了，没用！你不是琥珀，汗腺也没长在舌头上！""你们俩简直太坏了！"高兴指着我们无奈地说。

"海市蜃楼！"米粒突然尖叫一声，把我和高兴吓了一跳。高兴狐疑地看着她："你不是热昏头了吧？"米粒急得直跳："快看哪，那儿！那儿！"我们俩顺着她手指的方向望去，奇迹发生了，只见远处马路上的热气中出现了一片波光粼粼的水面！我们三个人顿时忘了热，欢呼一声朝那个方向跑去。不料这片水面像高兴的减肥计划一样，看得见，摸不着。但我们还是很高兴，因为我们不费吹灰之力就在大马路上看到了海市蜃楼。

科学小贴士

海市蜃楼是光和大气共同玩的把戏。一般情况下，空气越往高处越稀薄，光线穿过这样的大气时会产生一些折射，不过这样的折射我们已经习以为常。但是当大气层的密度出现反常，比如夏季海面下冷上热，或沙漠表面无风酷热时，都会让光线产生反常的折射。此时光线会将其他地方的景物形成的虚像折射进我们的眼睛，这就是海市蜃楼。夏季柏油路面被阳光暴晒，路面附近的空气密度小于上层空气的密度，也容易产生蜃景，于是一片波光粼粼的虚幻水面就出现了。

6月26日
星期二
不用耳朵也能听

今天，米粒参加歌唱比赛。

比赛开始前，米粒特地嘱咐我要把她的歌声给录下来，真够自恋的！她的声音又不能像蝙蝠或海豚的超声波那样用来探路或者寻找食物，录下来有什么用呢！比赛一结束，米粒就忍不住用录音笔来回放，欣赏自己的歌声。

听完后，米粒竟然说我的录音笔质量不好。我本来以为这一定是因为米粒经过了比赛，对音效的要求提高了。不过，米粒随后说出的理由让我对她的敬仰一下子跌到了谷底——她看不上我的录音笔，竟然是因为录音笔放给她听的声音和她自己唱歌时听到的声音不一样！

米粒真是太不了解人类的听觉系统了！自己说话时听到自己的声音和通过录音听到自己的声音当然会有所不同，原因听起来可能有点儿恐怖：当我们说话时，声波不仅由空气传导，还要通过骨传导，头骨和颌骨的振动会直接刺激听觉神经，让我们的大脑"听"到自己说话的声音。而听录音的时候，我们不用说话，声波就无须通过骨传导。两种情况，大脑接收的信息不一样，当然就会觉得录音里播出来的声音不是自己的喽！

高兴在旁边唠叨："看来我以后还是少说话，免得被自己的声音振晕了！"

哪有这么夸张！不过，至少高兴还是相信骨传导的存在。米粒却半信半疑，看来，只有拿小实验来降服她啦！

我让米粒拿了一把金属勺子，用一定的力道敲击，听听声音的大小。然后，让米粒用牙齿咬住勺子，用同样的力道敲击勺子，再听声音的大小。注意：如果不想去补牙的话，要根据牙齿的坚固程度酌情控制力道大小！米粒承认，她前后两次听到的声音不一样！这跟我们说话时的骨传导是一个道理。

我总算为录音笔洗刷了品质低劣的污名，米粒却提出另一个问题：怎样才能让我跟高兴听到她唱歌时自己听到的声音。高兴根据这个问题提出一个推论："那先要有一种人体放大器，可以把我跟童童放大到能把米粒装进嘴里。"

把米粒放进我们的嘴里说话，这个主意不错！不过，这样振动的仍然只是米粒的头骨与颌骨啊！高兴又说："骨传导麦克风怎么样？能让我们跟米粒听到一样的声音吗？"难！用骨传导原理制造的麦克风现在只能降低环境中的噪声对受话者的影响，还没法对声音进行"整容"。米粒叹了一口气。看来，现阶段，她恐怕没什么办法把她听到的自己说话的声音"转录"出来了。

科学小贴士

说到骨传导，最著名的代言人非贝多芬莫属了。听觉对于音乐家来说是最重要的，可是贝多芬在 26 岁时听力开始减退，到最后甚至完全失聪。于是贝多芬只得用骨传导的方式来"听"。他将一根特殊木棍的一端抵住钢琴发音的地方，而另一端用牙咬住。就是在这样困难的条件下，贝多芬完成了《第九交响曲》的创作。看看贝多芬，我们生活中还有什么困难是不能克服的呢？

7月5日 星期四 自动补水器

我们打算去高兴爷爷奶奶的别墅"避暑三日游"。高兴和米粒兴奋地打点行装，我却高兴不起来，这当然是因为我那个毛茸茸的朋友琥珀了！

爸爸妈妈每天很早就要去上班，晚上才会回来。如果我去山中别墅，琥珀大白天就得孤零零地在家待上一段时间了。我可以让妈妈帮我为它准备吃的，但是怎么才能保证它及时喝到新鲜的水呢？这么热的天，如果喝不到水，该有多可怜！

我把我的烦恼告诉高兴和米粒，没想到高兴说他能帮我做一个自动加水器，可以保证琥珀一整天都有新鲜的水喝。

我将信将疑地按照高兴的吩咐，把两块一样大的长方形橡皮放进一个略深的盘子里，然后往盘子里注水稍稍没过橡皮，

再把一个装满水的大塑料瓶倒置在两块橡皮上，一台简易的自动补水器完工了！

　　早就等在一边的琥珀没等邀请就喝了起来。有趣的是，琥珀喝掉的水会被瓶中的水自动补上。看着我和米粒惊讶的表情，高兴扬扬得意地说："不懂了吧？！这是利用了大气压力原理。琥珀喝掉一些水之后，盘子里的水面降低，露出了瓶口。空气趁机进入瓶子，瓶中与瓶口的气压相同，水在重力的作用下流了下来。水流下之后，盘子里的水面上升，又堵住了瓶口，空气进不去，瓶中的气压随着水位的下降变低，当内外气压差与重力达到平衡时，瓶中的水就流不出来了。这个过程不断重复，琥珀就会一整天都有新鲜的水喝了。"

　　但是，还有一个疑问：气压这么有力量，为什么我们没被压扁，甚至都没感觉到它呢？高兴解释说，那是因为我们身体内部也存在向外的压力，把外界的压力

给平衡掉了！"科学小超人"都有过飞机爬升的时候耳膜疼的经历。飞机起飞时，会迅速爬升到气压较低的高空。为了防止机舱内外气压差异过大，就必须适当降低舱内气压，这时，我们体内的气压就高于机舱的气压，所以耳膜会疼。呃，原来我们都是一个个"大气球"啊！

　　为了让我们真正地感受一下大气压的力量，高兴做了一个实验。高兴让我和米粒分头找来一根干燥的方便筷和一份报纸。把筷子放在桌上，三分之一露出桌外。用报纸盖住筷子留在桌面的那一截儿。再由高兴出马压紧报纸，直到它跟筷子之间没有一点儿缝隙。最后，高兴顺手抄起一把锅铲，朝筷子露出头的部分挥去。啪，筷子居然裂了！高兴什么时候变成气功大师了？非也！这都是因为在报纸和筷子亲密接触时，大气压牢牢

地压住了报纸。

好吧，不得不说大气压确实挺厉害的。这个实验也让我对"气功大师"高兴肃然起敬！看来他平时吃掉的东西并不是都变成了脂肪，也有一部分喂给了有用的脑细胞。

科学小贴士

展示大气压的惊人力量，最著名的就是马德堡半球实验。17世纪，德国马德堡市的市长将两个铜质空心半球合在一起，并将里面的空气抽掉，然后用马向两边拉两个半球，以展示大气压的威力。从每边各1匹马一直增加到各8匹，才终于将两个半球拉开。

7月6日 星期五 怎么停不下来?

星期五真是一个奇怪的日子。虽然下午3点半放学,离上床睡觉只有6个小时,我却觉得比整个星期六还长,因为我总是喜欢在这段时间想第二天可以干的一大堆好玩儿的事,盼着

星期六快点儿到来，这在感觉上好像就拉长了时间。可到了星期六，真正能做的不过其中的一两件，星期六就显得短促。星期日呢，有时候大半天都在赶作业，游戏时间更加捉襟见肘。高兴说他要改变我对星期五放学后时长的不正常感觉，方法很简单：别老想，直接去玩儿。

我们的目的地是高兴爷爷奶奶的山中别墅，高兴爸爸主动请求开车为我们的小旅行保驾护航。可是，米粒却想用不那么通俗的方式完成这次旅行。她不会是要远足吧？从家到山里，坐小汽车也得半个小时，她难道要用双脚丈量这段时而平坦时而崎岖的路？非也！米粒竟然要把公园的热气球当作交通工具。她的理由倒是铿锵有力："地球是自西向东转的嘛！所以，只要我坐上公园的热气球，飘浮在空中，等地球自转把山中别墅送到我的脚下，我就下来。"

听起来不错！我动了心，打算加入这样奇异的旅行。高兴却毫不犹豫地说"不"。他让我们用脚指头想一想，如果地球自转能把山中别墅送到脚下，那么，体育课考立定跳远的时候，我们岂不是垂直向上跳就能得到一个好成绩？对呀！上星期高兴立定跳远考试不及格的事，我跟米粒都历历在目，他就是这么做的呀！高兴痛定思痛，说他现在终于弄明白了，地球自转之所以没帮他得到一个好成绩，要怪一个叫作惯性的家伙。当我们跳起来的时候，惯性会拉着我们和地球保持一样的速度前进，所以双脚落地后，高兴还是站在原地！

而乘热气球旅行之所以行不通，是因为地球表面的大气层会带着它里面的一切东西与地球同步运行。

在"飘行"的幻想破灭后，我们仨乖乖地挤进了高兴爸爸的小汽车。这位司机大叔用6种语言提醒坐在副驾驶的高兴系好安全带，可他就是不听。过盘山公路的时候，一个急刹车，高兴撞到了挡风玻璃上。在司机大叔用第七种语言数落他之前，高兴解释说，他这是在用自己的身体做一次惯性实验！高兴可真是煮熟的鸭子——嘴硬。

沉默的米粒突然发话了："咦，你们看，车里的小飞虫不也没有系安全带吗，刹车的时候，它们为什么没被撞扁？"小飞虫的安全带，那得多迷你啊！不过，这不是重点。高兴爸爸为我们指点迷津："谁说小虫没有安全带？车里的空气就是！质量大惯性就大，对于身材轻盈的小虫，它们的惯性自然就小很多。所以，空气阻力已经足够用来保护这些小家伙了。"我跟米粒打量着高兴的身材，异口同声地哼哼："身材轻盈哦！"高兴这才识趣地系上了安全带。

科学小贴士

虽然地球不断转动，但因为大气层的裹挟和惯性的作用，坐在热气球上的米粒无法到达目的地，垂直跳起的高兴只能回到原地。那如果地球突然不转了会怎么样？首先，我们都会被抛出去，速度如同子弹，这可比高兴撞到挡风玻璃上严重得多！与此同时，就是房倒屋塌，板块撞击，海水倒灌……哦，那真是世界末日了！

7月7日 星期六 "苍蝇"的誓言

自从昨天看到别墅附近的小河以后，米粒就一直惦记着玩水的事儿。

今天吃了午饭，我们一起来到河边。刚听到河水的声音，米粒就大叫一声"我来啦！"，狂奔过去。只听"扑通"一声，米粒还没来得及换上泳装，就掉进了河里。

我故意大声对高兴说："依我看，此刻的范小米不应该叫米粒，而是该叫水包。"高兴也大着嗓门回应："不过，叫她

水包也不太准确，因为水滴的表面受到向内拉力的影响都是圆滚滚的。米粒这么瘦，一点儿也不像！"

可惜，泳技高超的米粒对我俩的揶揄充耳不闻，甚至振振有词，说她是因为石头太滑才不慎落水的，还让我俩也站到这些长满青苔的石头上试试。我还没有丧失理智，但作为米粒的男闺密，我想我唯一能做的就是郑重发誓："等我变成苍蝇的那一天，我一定会站到让你滑倒的石头上，用更加难堪的姿势，让自己也滑倒一次！"

米粒浑身湿漉漉地从河里爬上来，她对誓言的后半部分还算满意，但不太明白为什么要等到变成苍蝇。高兴明显是忌妒我用这么高明的方式来说一个不可能兑现的誓言，

他故意揭秘："要是童童变成苍蝇，他就不会滑倒了。因为苍蝇依靠脚上的细钩和无数小而湿润的绒毛，可以牢牢地站在任何表面上，甚至水面！其

实，我们的手也有微弱的防滑功能，靠的是我们的指纹。但跟苍蝇比起来，那可是差远了！"

我闭上眼，等着米粒的一记栗暴。她却爬到一块巨石上摆"大"字，平躺着让风吹干身上的衣服。这不符合她的风格啊！我有点儿不太习惯，高兴也是。所以，高兴戳了戳米粒的胳膊："喂，你不打算给某个人形苍蝇小小惩戒吗？"我真想找团水草堵住高兴的嘴！米粒却叹了一口气："聪明绝顶的女孩子是不跟苍蝇一般见识的，她正在思考一个科学问题呢！"什么问题？我跟高兴眼巴巴地等着下文，这个湿漉漉的米粒却一言不发，只管享受小暑节气里大自然提供的免费烘干服务。耳边只有风声、水声，还有喷嚏声。

随着烘干程序结束，米粒才说出那个所谓的科学问题。她从水中爬出来时，发现自己的腿在水面之下有一些弯折，可出了水后，腿并没有什么异样。我故意吓她："也许，水下那双腿不是你的呢？"高兴也忍不住猜想："我听奶奶讲过水妖塞壬的故事，她们会不会从古希腊穿越到这条小河里了？"

这么富有历史感的猜想，得到的回报却是米粒的两记栗暴，我跟高兴对半分了。原来，米粒对这种奇特的现象已经有了科学解释：这其实是光线折射布置的骗局，光在水中和空气中的传播速度不同，所以光线在空气中和在水中的折射率是不同的，于是米粒的腿以水面为界发生了弯折。

真是这样吗？我跟高兴都想亲自验证一下，争先恐后地跑向小河。米粒很自觉地让出了那块巨石，因为过一会儿这里将由两位为了科学奋不顾身的勇士来书写"大"字。

科学小贴士

在我跟高兴也结束烘干程序以后，米粒为我们表演了一个小魔术，来奖励我们的"有难同当"。米粒先把一枚硬币放进没装水的白瓷杯里，让我们一直往后退，直到刚好看不到硬币。然后，米粒开始向杯中倒水。接下来就是见证奇迹的时刻，我们又看到了杯底的硬币。哈哈，这也是光的折射在跟我们开玩笑！

7月8日 星期日
会指路的手表

今天，米粒说要带我们去探险，这真是一个令人兴奋的提议。但当她说出探险地点的时候，我的热情就全被浇灭了——居然是屋后的树林，穿过它大概不会超过10分钟，而且我们已经走过好多次了！出发前，米粒竟然还忧心忡忡地说："我们

的探险没有指南针会不会很危险啊？"好吧，我终于明白我们今天的活动其实不是探险，而是假装探险！不过高兴倒是挺配合的，他表情十分严肃地说："不用担心，我们的手表其实就可以当作指南针。"

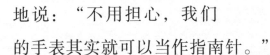

说做就做！我们来到小树林的入口，高兴把手表平放在地上，找来一根小树枝，插在手表前端的地上。高兴调整好手表的位置，让树枝的影子刚好与时针重叠，这样就能保证时针刚好指向太阳。完成！此刻，我们就拥有一个指南针了。如果是中午之前，想象一下时针往 12 点方向走会扫过的角，角平分线所指的方向就是南方。如果辨方向的时候是下午，就把时针经过 12 点之后到现在所扫过的那个角平分成两份，角平分线所指的方向就是南方。

太棒了，我以后周游世界不怕迷路了！米粒却不以为然，她说，我们现在用的是东八区的时间，也就是北京时间，但世界上很多地方并不在东八区，所以先要把表上的时间调到所在时区的真正时间。好复杂！难道我周游世界的时候，还要随身

带一个收音机，来收听准确的报时吗？

不过，对我来说，跟时区的事情相比，似乎还有一个更重要的问题——我用的是电子表！想靠电子表指路显然是行不通啊！不过，高兴不愧是探险家的儿子，他马上就拿出了备用方案——做一个水罗盘！用磁铁沿着一个方向摩擦一根钢针，大概摩擦十几秒钟，这时钢针也带上了磁性。再把钢针插进一块泡沫塑料中，让这块泡沫塑料浮在水上，这时钢针就会指向南北方向了！

看到高兴做的水罗盘，我想到了"司南"。这种世界上最早的指南用

具，其实就是一块天然磁铁磨成的勺子。将它的勺头平放在一个光滑的盘子上，用手转动勺柄，等司南停下，勺柄就指向南方。我猜，发明司南的人也许和高兴一样都很爱吃，要不他怎么会把"司南"做成勺子的形状呢！

有了高兴做的水罗盘，我们的 10 分钟小树林探险旅行就可以开始啦！

科学小贴士

当然了，指南针有时也不指南。地球上有这么个地方，这里的指南针两边都指向北——这就是地理上的南极点。因为从南极点出发，无论去哪儿，都是向北走。在它四周，处处都是北方。所以，放在那里的指南针两头都只能指北喽！

7月14日
星期六
光的颜料盒

自从挑战头顶蜥蜴最长时间的吉尼斯纪录失败以后，我就时不时抬头看天，免得高兴趁我不备，又把一只绿鬣蜥放到我头上。直到今天，这种事情没有再次发生。可是，我有了新的发现——有一只巨大的变色龙趴在我们每个人的头顶上。根据我没日没夜的悉心观察，这只变色龙就是会像霓虹灯一样不断变色的天空！

妈妈正埋头码字，她对我的发现竟然无动于衷，我凑过去大发感慨："您这样真是太对不起您那双美丽的眼睛了。"听

到一位绅士夸她，妈妈总算停了下来，问为什么。我语重心长地说："妈妈，我们人类的眼睛除了看电脑打字，还能分辨大约上百万种颜色。总把大把时间花在码字上面多可惜啊，应该像我这样，在抬头看天中虚掷光阴。"

于是，我俩下了楼，在小区里拣了一条没人的小道，一起抬头看天。我用一只眼看天，另一只眼瞟着妈妈。我用读唇语的功夫，看出妈妈正在很努力地数她看到的颜色。妈妈说，她只看到了蓝色。没办法，谁叫蓝色光是所有可见光里波长最短的呢。由于空气中的各种气体分子非常迷你，只有同样迷你的短波长的光才能跟它玩一种叫"光的散射"的游戏，蓝光就是可见光里玩散射玩得很嗨的那一种。所以，在天气晴好的时候，妈妈只能看到蓝蓝的天。

才过了一小会儿，妈妈就躲到树荫下面，怕被晒黑。我很纠结，要不要把一个

坏消息告诉她。其实，不可见的紫外线波长更短，散射玩得更厉害，妈妈想躲在树荫下不被晒黑，真的只是徒劳！3秒钟过后，我决定，坐到妈妈的身边，陪着她在树荫下一起晒黑。

就这样坐着，不知不觉中已经是傍晚时分。太阳下山，天空这条变色龙又成了红色。这是因为太阳落下时，阳光斜射，它必须穿过更厚的大气层才能到达地球表面。这时，越来越多短波长的光线被散射掉，最后只剩下红色和橙色这样有着长波长的光，所以我和妈妈看到了红色的天空。现在，妈妈总算看到了天空的第二种颜色，离挑战"辨认100万种颜色"又近了那么一点点。

由于我们在抬头看天中虚掷了光阴，结果晚饭也没来得及做。妈妈果断地把晚饭从煎炒炖炸切换到牛奶加面包的速食模式。呜呜，我梦想的咖喱杂菜泡汤了，这就是抬头看天的代价。

科学小贴士

想要参加散射游戏的光线注意啦！你们只需进入某种包含了不均匀团块的物质里，它就会让你们自动偏离入射方向，向四面八方散开。如果各种不同波长的光线想一起玩散射，云朵将会是理想的游戏场所。因为云中水滴的尺寸远远大于空气中各种气体分子的尺寸，这些水滴能够一视同仁地散射各种波长的光线。大家混在一起就成了人见人爱的白色。而且，你们不用给那朵云支付额外的场地费，让它成为白云它就很开心了。

7月21日
星期六
造型古怪的自行车

如果说费加罗是凤头鹦鹉中的人类，那么米粒就是人类中的费加罗。

费加罗的天赋异禀在于它不但会使用树枝、树皮之类的工具，而且它还会恰到好处地改造工具。而米粒的奇异才能却是，她总是会对那些我们司空见惯的工具问："你为什么长成这样？"

就像今天，米粒又开始研究为什么轮子都是圆的而不是方的。我很想说这个问题真无聊，你怎么不问为什么年轮不是方的呢？但我其实也很想知道答案，所以，我提议把轮子换成方的试试看！

我们叫上高兴，

66

一起来改装自行车。爸爸应该不会介意我们借用一下他的旧自行车吧。所以，当务之急，是先找方轮子。我们仨开始分头拾荒。我一边念叨着"方的，方的，方的"，一边用犀利的眼神在大街小巷四处"扫射"。终于，我在一个废品堆里，捡到了两个镜框。

这对镜框配老爸自行车的轮子，简直是绝配！我们稍微"改装"了一下，就把镜框卡在了车轮外面。

可是，我们谁都骑不动这辆自行车，即便是三个人一起推，方形的轮子也很难滚动。这也难怪：方轮子在平着放的时候，

车轮轴心（也就是轮子的重心）到地面的距离是正方形镜框边长的一半；而尖角朝下时，车轮的轴心到地面的距离是镜框对角线的一半。换句话说，方轮子滚动时，重心忽高忽低，变来变去。我们推车，只是对它施加了向前的力，当然无法使它滚动起来了！而圆轮子从车轮轴心到触地点的距离始终是圆的半径，所以在骑车时不会出现重心的变化，推或骑起来自然就顺畅多了。

　　我们被这辆造型古怪的自行车折腾得够呛，打算吃个早午饭来犒劳一下自己。我买了三碗豆浆，端着往回走。可是，没走多远，豆浆就晃晃荡荡，一半喂给大马路了。

　　我只好折回店里。好心的豆浆师傅帮我重新打包，只见他把三碗豆浆放在一个大盘子上，再把盘子平放到塑料袋里。我一路拎着塑料袋回家，竟然一滴豆浆也没洒。其中的奥妙在于，

塑料袋相当于一个减震器。我走路的时候，身体和豆浆产生了共振，而且这种共振会越来越厉害，最终让豆浆洒出来。而托盘和塑料袋能减轻共振，我就不用担心豆浆洒在地上了。

去豆浆店还盘子的时候，路过车库，我听到爸爸在车库里发出怒吼："谁动了我的自行车？！"

沉默是金，赶紧开溜！

科学小贴士

除了圆轮子，爸爸的自行车还有很多巧妙的设计。那两只磨得发白的脚踏板，不仅能支撑腿和脚，还能通过链条把脚踏力由曲柄、链轮传递给飞轮和后轮，最终带动车轮前进。而车把相当于一个杠杆，用来控制前轮的方向和平衡。像爸爸的这辆车，它的车把是向下的，所以他骑车的时候总是低下头，这样还能减轻空气阻力。

7月22日 星期日
漂亮的"香蕉球"

今天，我和高兴在地铁站意外地上了一课。

本来，我们两个在站台上乖乖等地铁，高兴突然对车站广播里反复播放的"请站在黄色安全线后面等候"发生了兴趣，非要我给他个说法不可。

"这不是很明显吗，站在黄线后面更安全，免得你一不小心掉下去！"可高兴对这个回答并不满意，他非说，黄线离站台边缘还有段距离呢，而且站得好好的，怎么会突然掉下去？

正在我们两个"兄弟相争"的时候，旁边一位在车站工作的阿姨插话了："站在黄线后面等候，主要是防止地铁进站时乘客被'拍'在地铁车厢上！"

啊？这听起来比"站得好好的突然掉下去"更不可能！阿姨看我们一脸不信的样

子，耐心地解释起来：在水流或气流里，如果速度小，压强就大；如果速度大，压强就小。地铁列车进站时，带动了周围的空气，使空气流动速度加快。这样一来，车厢和站在站台边缘等车的乘客之间，大气压强就会突然变小，而乘客身后的气压没变。如果当时乘客和车厢的距离特别近，前后的气压差很可能导致乘客不由自主地撞上车厢，发生惨剧。所以一定要站在黄线后面，和地铁列车保持安全距离。

原来如此！说到这儿，我好像突然明白"香蕉球"是怎么回事了。

放假前最后一次体育课，老师给班里的足球小子示范了一个漂亮的"香蕉球"。"香蕉球"闻起来没有香蕉味，因为这并不是说足球是用香蕉做的，而是指球的飞行线路像香蕉，有弧度。我们的"花卷"
（这是我们给体育老师
起的外号，因为他会玩
很多技术花样，而且头发
卷卷的）用他无与伦比的左
脚"搓"球，让球一边向前飞行
一边自转。这样，球表面一侧的转动

方向和前进方向相同，因此周围空气相
对球面的速度加大，而球表面另一侧转动方向和前进方向相反，
因此周围空气对球面的相对速度减小。根据流体力学的伯努利
原理，空气流速度加大时对旁侧的压力就减小，反之空气流速
度减小时对旁侧的压力就加大。两侧压强不一样，当然要"拐弯"
啦！"花卷"就这样踢出了"香蕉球"。我曾经问过"花卷"：
"难道踢个球都要学物理吗？""花卷"轻描淡写地说："是啊！
人家丹麦劲旅 AB 队的主力门将
尼尔斯·玻尔还得了诺
贝尔物理学奖呢！"

不过，就算得不了

诺贝尔物理学奖，我相信假以时日，我也能踢出漂亮的"香蕉球"。这就像草原犬鼠从没上过物理课，却懂得利用空气流速和压强的关系来建造洞穴一样。草原犬鼠的洞穴有两个出口，一个处在平面上，一个处在隆起的土堆上。风吹过来的时候，平地上的洞口表面空气流动速度小压强大，而隆起的洞口处表面空气流动速度大压强小，这个压强差就会让洞里空气流动，给草原犬鼠一家带来阵阵凉意。其实，我更想知道的是，这些草原犬鼠是不是也有自己的"鼠"贝尔物理学奖呢？

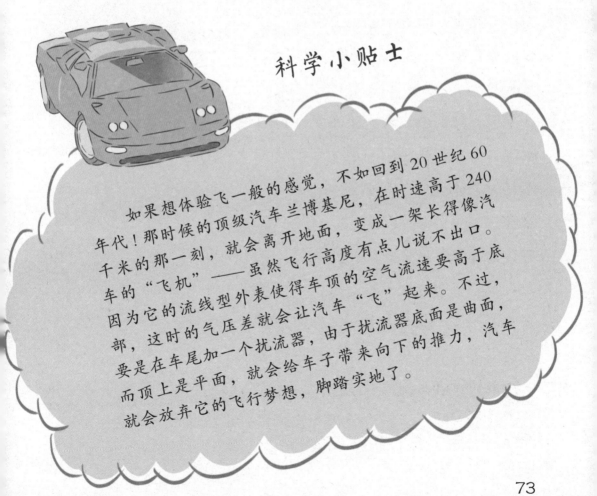

科学小贴士

如果想体验飞一般的感觉，不如回到20世纪60年代！那时候的顶级汽车兰博基尼，在时速高于240千米的那一刻，就会离开地面，变成一架长得像汽车的"飞机"——虽然飞行高度有点儿说不出口。因为它的流线型外表使得车顶的空气流速要高于底部，这时的气压差就会让汽车"飞"起来。不过，要是在车尾加一个扰流器，由于扰流器底面是曲面，而顶上是平面，就会给车子带来向下的推力，汽车就会放弃它的飞行梦想，脚踏实地了。

7月30日
星期一
手帕净水器

今天我们给自己安排的节目是徒步穿越树林。

一路上，米粒都在给我们普及喝水的重要意义。走到树林中央的时候，米粒期待地看着我们："嗯，说了这么半天，你们怎么还不把水拿给范老师喝呢？"我奇怪地看着米粒："你身上不是背着水壶吗？"米粒晃了晃空空的水壶："可是里面没水啊，你们怎么忍心让女孩儿背这么重的东西呢！"我举手投降："好吧！我还以为你装了水。所以——我的水壶也是空的。那你呢，高兴？"我把头转向高兴，只见高兴站在一旁，两手空空一脸茫然。不会吧，我们三个居然都没带水！

米粒站在原地，突然张大了嘴巴开始大口大口地吸气。我和高兴都被吓了一跳，就因为没带水，米粒就被气成这样了？

米粒看到我们吃惊的表情，有点儿小不耐烦："既然你们这么不自觉，那我只有吸空气里的水分喽！这会儿运气好，气温刚好在 20 摄氏度，如果空气里水蒸气达到饱和，每立方米的空气中就含有大约 17.3 克的水蒸气。就算空气中的水蒸气不饱和，每立方米的空气中也还会有 10 克左右的水蒸气。"说完，米粒又划定了她的呼吸领地，如果我和高兴也想吸空气里的水蒸气，只能去方圆 10 米以外找地儿了。

　　看来，米粒这是渴疯了。高兴不但不怪米粒，反而心疼起

这个刁蛮小妹来了。他看到旁边
有一条小溪，就自告奋勇要下去
帮米粒灌一杯水。别看高兴平
时不太灵巧，到了野外他却活
像一只小胖猴子。但是，小溪
边没有能让高兴站稳的地方，他
左右摇晃着，勉强装满了一杯水。

他装水的时候，把小溪底部的沙石都扬了起来。米粒看着装回
来的水，里面混着沙石，可怎么喝啊？

　　没关系，我们先做一个净水器。

　　我要来了米粒的手帕，把
它搓成长条，又把我的空杯子
拿出来，把手帕的一头放在浑
浊的水中，另一头放在空杯子
里。水沿着手帕，像蜗牛一
样缓慢地爬上来。手帕终于
被水浸透了，水从另一端滴
出来。

　　过了一会儿，空
杯中就有了一些干净
的水，丝毫不带泥

沙。手帕里的纤维可以把水吸上来，这就是"毛细现象"。

不过，今天的经历证实了一点：如果没有足够的时间，还是慎选这种过滤水的方法，因为要过滤一杯水实在太慢了！另外，自然水体中的杂质可不仅仅有泥沙，还有好多肉眼看不见的有害物质，尽量不要随便去喝。米粒等得直跳脚。米粒真该学学那些植物的耐心，因为植物运输水分和营养，用到的就是毛细现象，但是它们就没有跳脚——当然，它们也没有脚可以跳！

科学小贴士

在野外还有一个方法能够解决没水的问题！首先我们要找到一个向阳潮湿的地方，然后挖一个深和直径各半米(尺寸可大可小)的漏斗状坑，在土坑底部放一个盛水容器，在土坑上面铺上透明无毒的塑料布，塑料布四周压住，在塑料布中央放块小石子，使塑料布中心凹下，对准瓶口。在阳光照射下，土壤中的水分会蒸发，遇到塑料布底面会凝结成水珠，从凹陷处滴落到盛水容器里，就成为饮用水了！

8月1日
星期三
蓝鲸拉飞机

　　今天我们仨痛痛快快地在游泳馆玩了一下午。因为天气太热，一出游泳馆高兴就赶忙买了两瓶饮料喝。回家坐公共汽车的时候，米粒竟然命令我们什么都不能带！她说："这样就能让汽车减轻重量，节约能源了！"高兴听了直发愣，赶忙把手里的饮料一口气喝光，把瓶子扔进了垃圾桶。

　　可是，上车以后我发现口袋里居然还留着一枚一分钱的硬币。后果显而易见，我遭到了米粒的怒斥。但我也不能随随便便就把这一分钱"抛弃"掉啊！有个爱较真儿的美国人曾经算过：普通汽车如果多负担1美分硬币的重量，它要跑大概22.5万千米，也就是绕地球赤道5圈半，多消耗的油费才能达到1美分。所以说，米粒完全不用这么敏感嘛！

　　拜托，米粒可千万别再

想出什么奇怪的点子了。我刚这么想着，米粒又发话了："坐以待毙是不行的，我们要主动出击！"

米粒可真敢想，她竟然说要阻止飞机继续飞下去，来节约能源！而且还要采取些强制措施："比如，我们拉住飞机，让它无法起飞。"高兴吃惊地看着米粒："可是，就拿波音747客机来说吧，它的4台引擎各能产生大约30万牛顿的推力，就凭我们怎么做得到呢？"

米粒成竹在胸："这个问题我早就考虑好了，我们请一只蓝鲸来帮忙就行，蓝鲸的体重刚好能抵消飞机引擎的推力。"

"可，可是我们总要给蓝鲸找根绳子吧！"

"这也是小事，用我们的头发就行啊！头发可是我们身上最耐拉的东西，甚至超过了骨头，一根头发至少可以拉住50克的东西，一根

直径 7.6 厘米的头发就能拉住一架波音 747 客机了！"可是，现在的问题是去哪里找长着这么粗头发的人呢？我没敢告诉米粒，其实将 20 个普通人的所有头发加起来也能达到同样的效果，幸亏我忍住了，要不估计她又要去招募更多的支持者了！

科学小贴士

米粒总是批评我们，其实从经济学角度来说，她做得也不好。比如，米粒今天竟然蹲下捡了掉在地上的 1 分钱！按照米粒的身高和体重来算，她蹲下来捡一次钱大概需要消耗至少 0.84 千焦的热量，这些热量要依靠我们平时吃的食物来补充。而恰恰米粒这个丫头最喜欢吃"奢侈"的草莓，平均每花费 1 元钱买来的草莓大概能补充 63 千焦的热量，所以米粒弯腰这一捡，简直是在浪费！这时，正确的做法应该是让爱吃甜甜圈的高兴来帮忙，因为 1 元钱的甜甜圈就可以补充大概 350 千焦的热量，显然让高兴来捡这 1 分钱更加划算！

8月5日 星期日 废品音乐会

今天，我们小区要办一场消夏晚会。这么热闹的场合，怎么能少了我们"科学小超人"。我和米粒、高兴可都是勇于尝鲜的人，所以我们要表演一个非同寻常的节目！

之所以说"非同寻常"，首先是因为我们仨都没有正儿八经地玩过乐器，可我们就敢组成一支乐队。其次，我们也没有在任何乐器制造工坊接受过训练，但我们竟然要亲手来制作表演用的乐器。

我做的乐器被高兴戏称为"塑料壶（葫）"，说实话，这个名字太不上台面了。不过，我的确是用小塑料瓶来做葫芦丝，不叫"塑料壶（葫）"还能叫什么呢？这种乐器的制作非常简单，我也非常愿意把全部工艺倾囊相授，如果有同学拜我为师的话！全部材料只是一个圆形的小塑料瓶、一根细吸管、一把剪刀和一小截透明胶

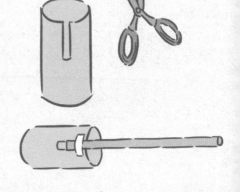

82

带。先用剪刀在塑料瓶开口一边的侧面开一个狭长的小槽，高度约为瓶高的一半，宽度约为吸管的一半，再把吸管的前端稍微压扁插入槽内，注意啦！只插入小槽高度的一半就停手，再用透明胶带把吸管固定住。现在就可以向吸管的另一头吹气了。

"哔——"太棒了，一次成功！这声音听起来真有点儿像葫芦丝呢！我用手挤压塑料瓶，声调就撒丫子跑开了，一会儿高一会儿低。

我给米粒的乐器起名叫"彩虹排箫"。这名儿真好，丝毫不露怯，谁能听出来它其实是用吸管做的呢。之所以叫"彩虹"，是因为用到的吸管正好有7根，而且颜色排序跟彩虹一模一样。可不能把吸管捏在手里就吹哦！得先把所有吸管的一端封起来，用胶带封比较简单。要是想故意增加难度，显出老师傅的派头，就可以考虑用一根直线形的细长发卡夹住一头，留出2厘米的长度，再用打火机来个"烧烤"，直到把这2厘米烧化，封住这一端就可以了。当然，"烧烤"这一步，就留给大人替我们完成。然后，把7根管子剪成不同的长度，再让它们依个头高矮排队，封口的那一端对齐，粘到一个长条的硬纸板上。想低调一点儿的话，就吹长管；想玩高调的，就鼓起腮帮子，对着短管尽情地发功吧！

看样子，我跟米粒玩儿的都是"民乐"，所以，高兴决定要来个西洋乐器——木琴。依我看，叫"玻璃杯琴"更合适。高兴找来四只玻璃杯，把其中三只装入不同量的水，第四只空着。他用一根木汤匙轻轻敲打每只杯子的侧边，就得到了不同音调的声音。啧啧，太单调了！我建议高兴可以多备几种汤匙，铁汤匙、瓷汤匙、塑料汤匙……

可是，还没等我说出这个高明的建议，晚会就开始了。坦率地讲，我们这次表演不太成功。没事儿，想要突破就要承担失败的风险！不过，跟 19 世纪的音乐家寇蒂斯比起来，我们的表演还是好了很多！据说，在辛辛那提的一次音乐会上，寇蒂斯演奏的乐器竟然是一架"猫钢琴"。"猫钢琴"中有 48 个特别的琴键——它们分别控制一只猫咪的尾巴。所以，每当寇蒂斯按下一个琴键，就会有一只猫咪疼痛难耐，发出凄厉的"喵呜"！整场音乐会就在"喵呜"声中进行着。可是，当寇蒂斯弹到一首名曲时，所有的猫同时"喵呜"起来。紧接着，舞台垮了，观众们以为音乐厅着火了，大叫着"救火"。四处狂喷的灭火器很快控制住了火势，可听众们也被淋得湿透了。这下寇蒂斯没辙了，该拿什么来熄灭听众心中的怒火呢？

科学小贴士

　　我在家用手搓干净的盘子，就会发出尖锐的声音，这时声音振动频率就很高。要是我在爸爸睡觉的时候这么做，并把他吵醒，爸爸对我怒吼的声音就很低沉，这时声音振动的频率就很低。

8月8日
星期三
"烧水纸杯"

虽然"野营日"已经是上个月的事儿了，但是米粒依然沉浸在野营的状态之中。她竟然说待在屋子里会让她感觉喘不过气来！于是，她只拿了些生活必需品，就要在院子里露营！太有想法了！

今天，我跟高兴一起去探望在院子里露营的米粒，发现米粒正在"用纸杯烧水"。她往一只纸杯子里倒了半杯水，用两根竹扦子穿过纸杯的上半部，做成把手。然后，她拿着把手，把纸杯放在小酒精炉上烧。我跟高兴一人端了一盆水，守在米粒大厨的身边，打算一看到纸杯燃烧起来就倾盆而下。米粒却让我们放下简易灭火器，安安静静地看她烧完这道"菜"。

咦，奇怪，杯子并没有着火！难道这是特殊材料做成的杯子？米粒好像看出了我的心思，淡定地说："这就是如假包换的纸杯。不过，你们放心！只要里面还有水，纸杯就不会着火。因为水的沸点是 100 摄氏度左右，而纸的燃点高于 100 摄氏度。所以，把你们的担心抛到爪哇国去吧！"

这让我想起去年暑假跟爸爸去西藏的事儿。我们走在青藏

高原上，到了午饭时间，我们就地挖坑，埋锅做饭。可饭怎么煮都是生的。原来，这是因为高原上气压低，水不到 100 摄氏度就烧开了，当然煮不熟米饭啦！还好我跟爸爸去附近牧民的帐篷里借来高压锅，由于高压锅里的气压较高，水超过 100 摄氏度才会沸腾，我们这才吃到香喷喷的米饭。

整个"烧水"过程大约持续了 10 分钟。看到我跟高兴这么耐心地守在旁边，米粒终于关掉了酒精炉，给我们尝了尝她亲自烧的白开水。"此水只应天上有，人生哪得几回尝！"我跟高兴一唱一和，使劲儿夸着，生怕米粒为了追求完美再煮一次。米粒显然很受用，所以，她决定再烧一杯，赏给这么识货的两个"茶客"。

科学小贴士

其实，米粒这样做还是有危险的！如果对杯子的材质和杯中物的沸点不了解，千万别把它们放到火上！因为不同材质的纸燃点是不一样的，一般是在130摄氏度到255.5摄氏度之间。而且，不同液体的沸点有很大的差别，有的甚至超过了纸的燃点，比如煤油的沸点在150摄氏度以上，食用油的沸点大约是250摄氏度，亚麻籽油的沸点能达到287摄氏度。这就是说，油还没煮开，杯子就会先烧起来，能想象这有多恐怖了吧！

8月10日
星期五
玉米变成爆米花

早上，小区门口来了一位戴草帽的大伯，帽檐儿压得很低，样子像个乔装打扮的特工。他还随身携带着秘密武器——一个黑黑的像炮弹一样的东西。他找了一个角落坐下来，悄无声息地缓慢摇动着"黑炮"上的手柄……

我赶紧叫来米粒和高兴，躲进旁边的灌木丛中监视着草帽大伯的一举一动。"砰"一声巨响，"黑炮"咆哮着，吐出了一大堆蓬松的爆米花。我们仨赶在第一时间围住了草帽大伯，掏出零用钱，买下第一袋爆米花。

真香！我们一边嚼着爆米花，一边悠闲地离开了"爆破现场"。我们希望随时都能见到草帽大伯，当然还有他的爆米花。可是，即使在最乐观的情况下，这也是一天才能一遇的幸事啊！

要是能自己做爆米花就好了。玉米变成爆米花，不就是热胀冷缩的原理吗？所以，我想，只要把玉米放在火上烤就可以了！高兴却不以为然，他以前就干过这事儿。他说，这不是做爆米花，而是烧炭。

光加热没法让玉米大变身，看来，问题的关键还在"黑炮"身上。"黑炮"说白了，就是一个密闭的容器。当玉米在"黑炮"里备受煎熬的时候，玉米粒里的水分也被加热。当"黑炮"里的空气压强增大到6～7个大气压时，突然打开"炮口"，"黑炮"里面的热气用很快的速度喷出来，"黑炮"里的气压就会突然下降。这时，玉米粒里的高温气体和水分随着外部气压的降低，迅速膨胀，玉米粒的体积也立马被撑大了，这才成了松脆可口的爆米花。这虽然也是热胀冷缩在起作用，可又不那么简单，确切地说，是好几个条件一起作用的结果。

可千万别小看热胀冷缩，它可是个大力士，有时甚至会产生相当大的破坏力。1927年的冬天，法国塞纳河桥的铁质桥架遇冷收缩变短了，桥面的砖块没跟上桥架的步调，都突起裂开了。于是，想要过桥的人们只能望桥兴叹。
从那以后，桥梁设计师在设
计各种桥梁的时候，都会预
留伸缩缝。这样，即使铁质桥
架"怕冷"蜷缩起来，上面的
砖块也能非常自在地躺在桥
面上。

　　解决了爆米花以后，我
和米粒、高兴各回各家。刚转
到我家楼下，就看见爸爸蹲在一
辆旧自行车的轮子后面。

　　这是在玩隐蔽吗？

　　把车轮当掩体，也
太低级了吧！我为爸爸
感到羞愧，打算绕道而行。

　　"童童，来！"

　　是叫我吗？我故意看
向别处。

　　谁知爸爸又喊道："童童，过来！"

　　他锲而不舍地喊，"童童，快过来！"

　　我明白，我要是再不乖一点儿，

待会儿说不定要吃老爸的一记栗暴。

原来，老爸昨天费了九牛二虎之力打满气的自行车轮胎今天居然就爆了。老爸愤怒地问是不是我干的。虽然我平时对待这辆自行车比较粗暴，但这次真的不是我！站在热辣辣的太阳下，我突然想到谁才是罪魁祸首。于是我赶紧解释说，这其实都是因为热胀冷缩！自行车胎被老爸打满了气，但是因为天气热，车胎里的气体会膨胀，于是车胎就被撑爆了！

今天差点儿就替热胀冷缩背了黑锅，一会儿一定要多吃两袋爆米花才行！

科学小贴士

在大自然中，并不是所有东西都老老实实地遵循热胀冷缩的规律，比如水。同样质量的水在液态时体积相对较小，遇冷结冰后体积反而变大了。我国古代的工匠们就利用这个特点来开采山石。他们趁着天寒地冻，往石头缝里灌水，水结冰后体积膨胀，就把坚固的石头顶碎了。

8月12日 星期日
高兴的减肥计划

今天，高兴一整天都垂头丧气的。我跟米粒再三逼问，高兴才支支吾吾地告诉我们，他的减肥计划又失败了，而且还越减越胖。

米粒发誓要帮高兴找到一种立竿见影的减肥方法。她若有所思地在屋子里踱来踱去，我也随着她踱来踱去，顺道给她脑子里闪出的"神经电火花"配音："吱吱吱——叮咚！叮咚！"看来有主意了！

米粒建议，高兴应该到赤道附近去度过这个暑假。赤道？！难道是让高兴去那个热火朝天的地方多流点儿汗？才不是呢！米粒说，她曾经听爸爸讲过一个故事，说是有一个商人在荷兰买了5000吨青鱼，要送到赤道附近的某个海港。但是，到达海港以后，竟有19吨鱼不翼而飞了。

米粒顿了顿，我以为她在等我和高兴抢答，就大声说："赤道那么热，鱼就像洗了桑拿，出汗多，当然会轻很多。"高兴却一点儿面子也不给："错！鱼儿根本没有汗腺，怎么会出汗呢？我猜，肯定是被海盗偷走了！"我立马反击："海盗从来都是抢的好吧！"

米粒实在受不了我跟高兴这么顶尖的大脑也有弱爆的时候，她终于说出了答案："'小偷'就是地球引力啊！地球其实是个有点儿扁的球体对不对？它的赤道半径比极半径大约 20 千米对不对？另外，根据万有引力定律，距离越大引力越小对不对？"

对哦！"丢鱼事件"不就发生在赤道附近吗？青鱼并没有减肥，只是因为它们从高纬度的荷兰来到低纬度的赤道，和地球球心之间的距离变短了，所受的地球引力——也就是重力——随之变小，这才显得轻了。所以，高兴就算去了赤道，就算在那儿称出来比现在少几斤，可是他身体的质量并没有真正地减小啊！不过，高兴似乎并不介意。这种既不妨碍他享用美食，又可以让他在体重

秤上读到称心如意的数字的方法，简直就是为他量身打造的。
既然是这样，我还有一个更简单的方法。高兴不用吭哧吭哧跑
到赤道度假，只要在电梯里称体重就可以了。事不宜迟！我们
仨立马带着体重秤，从6层楼钻进了楼道里的电梯。我先按了
一楼的按钮，电梯马上开始运行。在那一瞬间，高兴站在秤上，
看到秤上的数字变小，简直高兴坏了。

可是，电梯下降的速度很快变得平稳匀速，高兴的体重读

数又恢复了正常。电梯降到了一楼，高兴说再来一次。米粒劝高兴先从秤上下来。高兴却抢先按下了10楼的按钮。在电梯加速上升的时候，高兴发现自己竟然变得更重了！他无限惊恐地捂住了自己的眼睛……

看来，对于心理脆弱的高兴，电梯减肥法也不牢靠。有没有万无一失的招儿呢？

我们仨直奔游泳馆。扑通！高兴刚换好泳裤，就迫不及待地跳进了泳池里。水的浮力把高兴的身体托起来，他努力保持直立。我和米粒憋了一口气，潜到水下，把体重秤放到他的脚下。哈，太棒了，高兴的体重变成了零！

我跟米粒浮上水面，告诉高兴这个天大的喜讯。不过，我们没敢说的是——这其实是因为体重秤进水，坏掉了！

科学小贴士

到赤道去、坐电梯、水中称重，这些方法都是自欺欺人。不管怎样，体重秤其实是通过高兴踩在上面产生的压力，间接地测出他的体重。那些看上去令人欣慰的数字，也只是因为高兴对秤的压力减轻了而得来的。高兴真实的质量并没有改变。减肥对他来说，仍然是一个美丽又遥远的梦！

8月13日
星期一
米粒发电

今年的"地球一小时"活动过去好几个月了，米粒还对我没有邀请她耿耿于怀。其实，这是因为当天我考虑到这个活动并不适合所有人，就比如怕黑的米粒。因为米粒在关灯之后，不论碰到什么都会大声尖叫。真想不通她为什么要叫，难道是想学习蝙蝠靠声音探路吗？

高兴倒没什么，他还说他不想参加"地球一小时"活动，因为关灯打断了他看漫画。要是再加上米粒时不时的高分贝尖叫声，他恐怕要开始抱怨了，比如："'地球一小时'活动其实没什么用，因为这个活动主要减少的是照明用电，而在中国，照明用电只占全社会用电总量13%左右，而且又有很多人根本就没参加这个活动。"这话有道理，不过他接下来的唠叨可就不是那么回事儿了。他说："我在活动中把灯一关一开其实比一直开着更加费电。"

高兴这就说错了，开关节能灯会大量耗电的说法完全不靠谱儿！打开电灯开关的一瞬间，通过灯丝的电流大约是正常工作时的5～7倍，而这只相当于正常工作时0.001秒的耗能。

不过，对于节能的问题，我和高兴倒是达成了一个共识，就是要找到一种新的发电方式！这时，又听见米粒一声尖叫，我和高兴的注意力都集中到了米粒的声音上。

米粒的叫声有这么大的威力，我们能不能用她的叫声发电呢?

"声音是靠振动产生的，那我们就用声音振动时产生的压力来发电！"

"这是一个好主意！"高兴说道，"真的有一种叫作'压电材料'的神奇宝贝，它能够把动能转化为电能。2010年，韩国就利用压电材料制作出了靠声音发电的装置。"听高兴介绍过之后，我突然觉得米粒的叫声都变得悦耳了！

不过高兴的话锋突然一转："这种装置的能力还比较有限，在 0.01 平方米面积下，100 分贝的声音只能够产生 50 毫伏特的交流电。"我提议："那我们就和米粒一起喊！"我刚准备像米粒一样大叫一声，看自己能为发电做多少贡献，高兴就又给我泼了一盆冷水："可是 50 毫伏特是它的极限，即使再提高音量，也不会产生更多的电力。"

其实，即使米粒的叫声能用来发电，我也不想再这么干了。我觉得此刻和能源危机比起来，米粒的叫声更加恐怖！

科学小贴士

解决能源问题，爱出汗的高兴其实也可以出一份力。最近一种靠汗水发电的可穿戴电源被研制出来。这种电池的外观和一张普通的文身贴纸一样。人在进行短跑、举重等剧烈运动时会产生乳酸等代谢物质，而"汗水电池"利用酶催化这些代谢产物，产生能量。不过这种电池的发电能力还很有限。研究人员正在努力提高它的性能，好让它可以给手表这样的小型电子设备供电。

8月17日
星期五
一瞬间的力量

晚上我到地下室拿东西，刚一开灯，灯泡就烧了。其实，灯泡只要再坚持亮一小会儿，我就能拿到东西了！

等等，好像上一次我来地下室，也是刚一开灯，灯泡就烧了。

难道这是我家地下室亲近小主人的一种方式，要跟我分享它的黑暗吗？

我大声、小声、悄声地喊着地下室的名字，还套近乎地给它取了个昵称"小地"，可它仍然没打算把光明还给我。算了，我终于承认是自己倒霉了。

我打算用比较原始的火把来驱走黑暗。可爸爸提醒我说，用火把的话，太容易引起火灾，到时就算用百米冲刺的速度去拿楼道里的灭火器来，都不一定能控制住火势。不过，爸爸说漏了重点，那就是我们家根本就没有火把。

最便捷的方法，还是更换灯泡。其实，接连两次灯泡烧掉，

也不能全怪灯泡娇气。灯泡能发光，全靠电流流过那根细细的灯丝。如果是白炽灯泡的话，亮起来的灯丝通常都超过了 2000 摄氏度，它的额定电流就是根据这个温度下灯丝的阻力算出来的。而刚开灯的时候，处于常温状态的灯丝电阻较小，此时灯

丝需要接纳超过额定值10倍的电流，
这一瞬间的冲击总是会让它发抖。
所以，我猜灯丝宁愿一直不眠不休
地亮着，也不愿意被熄掉后重新遭
受一次强电流的袭击。想到这儿，我
都不忍心再换新的灯泡来照明了。

　　在抵抗一瞬间力量的能力上，蚊子要比灯丝
做得好得多。下雨天的时候，蚊子要在一瞬间遭受到质量是它
50多倍的雨点的袭击。但蚊子被雨点击中时，它常常"顺势而为"，
先和雨点一起下落，再巧妙地倾斜身体，让雨滴滑落，化险为夷。
这就像是我们所说的"四两拨千斤"吧！

　　没了灯泡，我还是摸黑进地下室吧！这时候，我特别希望

自己的手能看见东西。或者，假如现在是干燥的秋冬季节也好啊，这样我就可以穿着毛衣左摸摸右蹭蹭，用满身"啪啪啪"的静电来照明了。可是，静电是即闪即灭，瞬间放电的，靠它我只能看见一眨眼的光明。

算了算了，今天还是洗洗睡吧，明天一早，叫上老爸买灯泡去。

科学小贴士

除了灯丝，静电也有不可忽视的力量，人们穿脱化纤衣服时，两种绝缘体摩擦就能产生高压静电。实验室测得穿着绝缘鞋在绝缘地板上行走可以产生高达 1000~2000 伏的静电，足以使人体产生不愉快的反应。冬天空气干燥有利于绝缘，容易摩擦产生静电，幸亏放电时间极短，不会危及生命。不然，一到秋冬满身"啪啪啪"的我，只有一动不动做一个"木头人"了。

8月19日 星期日 果汁去哪儿了

今天太热，我跟米粒、高兴从羽毛球馆出来的时候，真恨不得自己能变成驯鹿。因为这种毛茸茸的动物在降温上很有一套：它们一般用鼻子呼吸，借空气来冷却血液。要是奔跑中呼吸的频率达到每分钟260次，它们就会像狗一样吐舌头。如果剧烈运动让它们的大脑温度直奔39摄氏度，体内最凉的血液就会像救火队员一样涌向大脑。当然了，那也是因为它们生活在寒冷的北极，如果是在温带，驯鹿也没辙。可惜，我们不是驯鹿，只能乖乖回家，喝妈妈一早榨好的苹果汁。我跟米粒喝了两杯就凉快下来了，高兴却连喝3大杯还喊热。我拿体温枪测试高兴的体温，很正常。看来，只有我妈妈做的果汁冰棍儿才能满足高兴。

妈妈不在家，我们正好自己动手。

苹果汁冰棍儿嘛，不过就是把果汁倒进冰棍模子，再把模子放到冰箱冷冻室而已。我们一口气做了一个排的冰棍儿。

我们边玩扑克魔术，边等冰棍儿成形。可高兴总是心不在焉，每隔10分钟就去一次厕所。这引起了我跟米粒的高度警惕——高兴准是找借口开冰箱去了。我们只好把游戏桌从客厅搬到厨房，这下，高兴再也没提上厕所的事儿。

两个多小时以后，我拿出了冒着"仙气"的苹果汁冰棍儿。高兴拿起一根，囫囵嚼了几口就吞了下去，转眼又抓起来一根。

米粒举着冰棍儿看了又看，就是舍不得放到嘴里。我只好为他俩示范最正常的吃冰棍儿方法：舔一口，咬一口，嚼一嚼，再舔一口……咦，不对，怎么冰棍儿的味道就跟白开水似的？！我吃了几口，仍然是寡淡无味。我一怒之下，扔掉了手里的冰棍儿。

可是，终于把冰棍儿放进嘴里的米粒和终于用常规速度吃第二根冰棍儿的高兴，却渐入佳境，越嚼越有味儿。我不想再咬第二根冰棍儿，更加不愿意对他们正舔着的冰棍儿啃上一口。可是，他们的冰棍儿真的那么好吃吗？

米粒边吃边说："没想到苹果汁做成冰棍儿以后，糖分都跑到中间来了。我们做的苹果汁冰棍儿干脆叫'小甜心'吧！"这就是说，我吃的只是冰棍儿边上不含糖的水喽！难怪，水当然只会有水的味道。

不过，这只是我们的猜测。要不，用小实验来证明一下吧！我拿来一只矿泉水瓶，一根红色的水彩笔芯。高兴用瓶子接了大半瓶水——可不能装满，否则水结冰后膨胀，会把瓶子撑裂的。我把水彩笔芯里的红颜料挤到瓶子里，拧上瓶盖，晃动几下，让水着色均匀。我把这一瓶"假冒苹果汁"放进了冰箱的冷冻室。

在等待的时间里，我们又可以玩扑克魔术了，不过是边吃"小甜心"边玩儿。

科学小贴士

果然，这瓶"假冒苹果汁"有一颗红色的"心"，周围却是透明的冰。这跟苹果汁变成"小甜心"是一个道理。因为水是由上至下、由外而内冻结成冰的。在冰冻的过程中，原先溶解于水的糖分、色素等物质，就会慢慢析出被挤到中间。所以，周围是没有味道的水，中间才是甜甜的。没想到，我们做的是夹心冰棍儿！

8月23日
星期四
你听到了什么?

在炎热的夏天,最棒的美食就是西瓜了。但挑选西瓜之前,爸爸都会来一段"敲鼓"表演。

这不,他又在一堆西瓜前左拍拍,右敲敲。老爸说,通过听声音就能辨别出西瓜的好坏。难道爸爸能听懂"瓜语"吗?快点儿让爸爸来教教我吧!

我和爸爸一起挑选了三个敲起来能发出不同声音的西瓜。为了体现出我对西瓜朋友的尊重,我给它们都起了名字。敲起来声音清脆的叫"当当",敲起来声音发闷的叫"嘭嘭",还有一个敲起来发出"噗噗"的声音,它自然就叫"噗噗"啦!这些西瓜长得就像孪生兄弟,为了不把它们弄混,我把名字刻在了它们身上。

爸爸帮我切开了西瓜。声音清脆的"当当"明显还不够成熟,瓜瓢里的组织紧致，所以敲起来声音脆脆的。而"嘭嘭"是个成熟的好西瓜，它的瓢已经变得沙沙的，很甜，很好吃，所以声音有点儿闷。最后，"噗噗"竟然是个娄西瓜！瓜瓢几乎都化成了水，所以声音是"噗噗"的。

　　声音能传递出很多信息，比如医生用听诊器就能听出我们的心肺是不是病了。据说肺部支气管炎患者呼吸的时候，用听诊器听起来是"呼噜呼噜"的。呃，确定这不是病人睡着了打鼾的声音吗？

　　说到打鼾，要是某个天气晴好的晚上，我被一阵"雷声"惊醒的话，那肯定是因为爸爸在打鼾。我总是被这种"疑似雷声"吵得心烦意乱，但把爸爸叫醒可不是个好办法，这个睡眼惺忪的大家伙发起火来，可能会有那么一秒钟不记得我是他的儿子！

不过，只要爸爸打鼾，
我就能断定他是仰面朝天，
张着嘴巴睡觉的，而且呼
吸不太顺畅。这时，我只需
要帮他闭上嘴巴，再把他翻成
侧卧就好了！

科学小贴士

在发明听诊器之前，医生只能趴在病人的胸口，听他们的心跳和呼吸。一个名叫雷奈克的法国医生在为女病人听诊的时候，总是羞得满脸通红。他想，要是不用身体接触也能听诊就好了。碰巧，他曾经见过两个男孩用空心树干玩传音游戏。一个男孩敲打树干的一头，另一个男孩在树干另一头听。于是，害羞的雷奈克就把报纸卷成一个纸筒，放到女病人的胸口。他不但听到了清晰的心跳声，而且再也不用脸红了。世界上第一个听诊器就这样诞生了！

8月25日 星期六
现实版"空中飞车"

在我的苦苦哀求下，爸爸今天终于同意带我一起去野外拍摄了！当然了，我还邀请了我的两个死党——米粒和高兴。

我们这次的交通工具是火车，这种在 19 世纪初期就被设计出来的交通工具，相比于年龄较小的飞机绝对是龟速！虽然从理论上讲，目前普通轮轨列车最大时速可以达到 350 ~ 400 千米，但由于噪声、震动、车轮和钢轨磨损等因素，火车实际上跑不了那么快。这就使我们在旅途上要花费更多的时间。

不过，一个好消息是，我们今晚可以在火车上过夜！

可是，火车就像个"咣当先生"，一路"咣当""咣当"。都快晚上 10 点了，躺在上铺的我还没睡着。

忽然，我听到中铺嚼薯片的声音。我把头伸到床下，高兴边嚼边小声说："从你躺下到现在，你至少烙了 80 张'煎饼'。你这么翻来翻去的，我也睡不着，只好起来吃薯片喽！"

还是下铺的米粒跟我同病相怜："要是火车飘起来就好了，那就不会'咣当'了。"

我叹了一口气："除非——我们从九又四分之三站台上火车。"我真想不出，除了在《哈利·波特》所描绘的魔法世界，哪儿还有这么飘逸的火车。高兴终于不再

嚼薯片了："你们难道忘了，去年
暑假，我们不是一起在上海
坐过磁悬浮列车吗？"

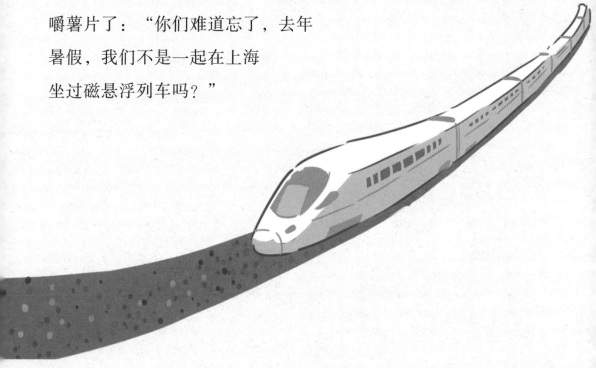

对呀，磁悬浮列车不就是现实版的"空中飞车"吗？！它利用电磁铁同极相斥异极相吸的原理，使车身悬浮起来一路奔驰。

不过，虽然我坐过磁悬浮列车，我还是对磁力能托举列车感到不可思议。这简直相当于蚂蚁举起大象嘛！

一个沉寂已久的声音出场了，原来，爸爸也被"咣当先生"搅得睡不着。爸爸说："干重活儿可是电磁铁的拿手好戏！块头大的起重电磁铁甚至能一口气提起一吨重的铁。不过，电磁铁只有通上电产生磁力，才能成为大力士，不然，它连一个铁汤匙都拿不起来。"

半个夜晚就这样聊过去了。感谢"咣当先生"，它不仅没有因为我们嫌弃它的噪声和龟速而生气，反而更卖力地"咣当"起来，而且还因为让道又耽搁了两个小时。

我已经不确定这篇日记到底算哪天的了。

科学小贴士

磁铁有一个致命弱点，它害怕高温。磁铁内部有规律地排列着无数"小磁针"，正是它们的"整齐划一"让磁铁产生了磁性。假如温度太高，"小磁针"们就乱了阵脚，没法儿保持原来的"队形"，整块磁铁的磁性也会因此减弱。

8月28日
星期二
看不见的光

今天，高兴爸妈不在家，高兴打电话来，要我和米粒乘着筋斗云过去陪他。

筋斗云没有，不过，我和米粒还是尽量把"11路公共汽车"转成了"风火轮"，这是我们现在的速度极限了。

刚一到高兴家，我就感觉到怪怪的。高兴不仅没看他最喜欢的低幼动画片，连最爱的手机也都扔得老远。中午，他竟然端出了冰凉的午饭，而且不允许我们用微波炉热一下。高兴还对着他家的电器指指点点，说我们被危险包围了。

我抬头一看，什么都没有啊！

米粒朝我挤眉弄眼，先指了指高兴，又指了指脑子。我更好奇了，压低声音问他："高兴，你家是不是潜伏着来自外星球的机械生命体，呃，就像变形金刚那样的？"高兴连忙用同样的低声回答我："我也很想有，可是，我说的是家电会放射电磁波，这比变形金刚还要危险。人家变形金刚里还有好人呢！"

米粒很有把握地告诉高兴："想躲开电磁波？省省吧！这就跟在海里游泳却不想沾一滴水一样困难。现在照在我们身上的光就是电磁波的一种。"听了米粒的话，高兴说他要去睡觉了，并且以后要像猫头鹰一样昼伏夜出。

可是，这样也不保险啊！据我所知，高兴躲得了可见光，可还有许多波长太短或太长的光是看不见的。而且，只要是温度高于绝对零度的物体，都能发射电磁波。

高兴找出了空调的遥控器，问我绝对零度是几度。唉！我劝高兴还是放弃降温到绝对零度的念头，别说是空调，实际上在地球上不可能通过任何人工途径使温度降到绝对零度，也就是零下 273.15 摄氏度。这可比把高兴的体重降到和米粒一样还要难。

米粒连连点头。不过，她接着说
出的话差点儿让高兴疯掉："其实，
我们周围的一切东西每时每刻都
在进行电磁辐射。数不清的电
视和手机信号就像夏天的蚊子
大军一样不停地从我们的身边飞
过——它们也是电磁波。"

高兴变得坐立不安，如果我们再不
讲出完整的真相，他没准儿会抓狂的。

米粒微微一笑，安抚高兴："其实，
电磁波就像变形金刚一样，有'威震天'
那样的危险分子，也有对损害人体健康
没什么兴趣的。我们平时接触的绝大部分电磁波都属于后一种。"

我像煞有介事地提醒高兴："不过，你可要特别警惕小身
材的伽马射线，它的波长比原子直径还小，却极具杀伤力。它
擅长'穿墙术'，会残忍地杀死人身体里活的细胞。不过，它
也能干好事，可以帮我们消灭癌细胞。"

高兴的脸色阴晴不定，米粒有些于心不忍，双手交叉做出"X"
形。不过，她不是在演 X 战警，而是提醒高兴，在电磁波里还
有高兴的一个老朋友："还记得去年你翻墙摔伤了腿，就是靠
X 射线帮忙诊断的哦！它的波长比伽马射线的波长长一些，大

概跟原子直径差不多。它也会'穿墙术'，
可以穿透人体的大部分组织，但是碰上骨
骼、牙齿和金属之类的硬东西，它的绝技
就施展不开了。所以可以利用它，穿过皮
肤和肌肉，照出骨骼的样子。虽然它对人
体有一定杀伤力，但偶尔照射一次，问题不大。"

　　高兴这才放松心情，打开了电视。熟悉的动画片旋律又响
起来了："疾风一样地奔跑，剑指激流狂飙……"剩下的时间，
就让动画片陪高兴吧！

科学小贴士

　　和动画片一起陪着高兴的，还有专门用来传输广播
电视信号的电磁波。它们的波长短则几微米，长则几百
米。高兴能看到动画片，全靠它们帮忙。就拿其中的
长波来说吧，别看它个头儿不小，却很灵
活。它虽然不会"穿墙术"，但它
会不辞辛苦地绕墙而
走，还能绕地球传
播呢！

9月2日 星期日
我梦想的时空旅行

明天就要开学了，想到这儿，我的情绪不免有一点儿低落。太奇怪了，为什么假期里的时间总是过得太快呢？高兴肯定地说这是错觉，虽然他和我有相同的感受。

但这真的只是错觉吗？好像也不一定哦！

曾经有科学家把4个非常精准的原子钟带上一架飞机，在自西向东绕地球飞行一周之后，它们跟地面的原子钟相比，居然慢了59纳秒！也就是说，如果我也在那架飞机上，我的暑假将比地面上的高兴多59纳秒。可是，我似乎没有必要为这10亿分之59秒跑一趟飞机场。

　　跳进一艘宇宙飞船或许是个更好的主意。根据爱因斯坦的相对论，如果我的飞船被运载火箭以光速的 99.99% 推送并环绕宇宙飞行，由于飞船中的 1 秒钟比外面的 1 分钟还长，那么 4 个月后当我重返地球，就会发现高兴和米粒已经人到中年，他们的孩子说不定比我还大。想想看，那会是怎样让人悲喜交集的情景？！

　　所以，如果有可能的话，我情愿遭遇连接两个不同时空的隧道——"虫洞"。这意味着我可以随心所欲地来一

番时空旅行了。我会穿越到暑假刚开始的时候，舒舒服服地把假期再过上两三遍！天哪，想想就忍不住要笑出声来。可惜，科学家们费尽心思试图找到的"虫洞"，迄今为止仍然不见踪影，只是停留在猜想阶段。

要想比别人更早开始过暑假，也不是毫无

办法。爱因斯坦曾说，万有引力能改变时间的脚步，让它慢下来或者更快。在高海拔的山顶，地球引力相对较弱，表盘上的指针会走得快一点儿。所以，我可以在明年暑假前的一天来到珠穆朗玛峰顶，早那么一丁点儿迎接暑假的第一缕阳光。不过，就算我一辈子都待在那儿不下来，米粒和高兴在海拔为零的地方度过余生，我的时间也只会比他俩快上一秒。

唉，看来想晚点儿开学或者早点儿放假，真是挺不靠谱的！我还是洗洗睡吧，不然明天迟到了，还要看班主任老师拉得足有一光年那么长的脸。

科学小贴士

早知道想这么多根本没用，我就该早点儿洗洗睡了。不过，不想怎么知道没用呢？也许，我可以学学电影《回到未来》里的男孩马蒂，从今晚7点穿越到10点，这样我马上就能知道怎么想都于事无补。然后，我再立刻返回7点把睡前宝贵的3个小时拿来干点儿别的。不过，难保我不会陷入时间悖论。也就是说，等我时间旅行回来，将这3小时的生活重过，就不可能写今天这篇日记了。

12月28日
星期五
加热计划

我实在想不到还有什么事能比冬天的早晨骑自行车去上学更痛苦。而今天早晨的尝试，差点儿让"童童"这个名字变成一个冰棍儿的品牌。虽然我已经被裹成像粽子一样了，但在寒风中还是被冻得不停发抖。

突然，米粒加速从我们的身边冲了出去，高兴开始一脸莫名其妙，然后又紧张地说："坏了，米粒的脑子不会被冻坏了吧！快把她追回来！"我和高兴也加速，截停了亢奋的米粒。可米粒居然生气地抱怨我们破坏了她的加热计划。看着被冻得已经流鼻涕的米粒，我悄悄对高兴说："看来米粒的脑子确实是被

126

冻坏了，她被冻成这样，却还说这是她的加热计划。"米粒不耐烦地说："我这可是一个绝妙的计划。你们难道没见过流星吗？流星很快地落下，与大气摩擦，所以就会发热燃烧，我如果快速地骑车摩擦空气，也会变得暖和起来！"

高兴惊异地看着米粒："就凭你刚才的速度还想靠摩擦空气升温？那还差得远呢！""那我就骑得再快点儿！"还没等高兴说完，米粒就又冲了出去。

看到米粒马上要享受春天般的温暖，我也迫不及待地准备加入她的升温计划。正当我准备加速的时候，

高兴说："没用的，我们根本就不可能骑那么快！现在最快的
人力交通工具是一种包裹着流线型外壳的'躺车'，不过它最
快 1 秒钟也只能前进 40 米。米粒的速度还差得远呢！现在最
该担心的是米粒会不会被冻感冒！"

于是我和高兴依然慢悠悠地向前骑。正当我们盘算着要给
米粒买感冒药的时候，突然看到米粒正满头大汗在前面等我们！
"难道米粒真的靠着骑车摩擦空气产生热量了？！"我吃惊地问
高兴。"不会吧？！要知道速度越快受到的空气阻力越大，每秒
40 米的速度已经是极限了，米粒又不是超人！"

"我们快去看看米粒是怎么做到的。"我和高兴也加速朝着米粒骑过去。看到我们过来，米粒开始炫耀："怎么样，我的加热计划成功吧！""你是怎么做到的？"我迫不及待地问。"你不是也已经做到了吗？"米粒看着我说。我都没有注意到现在我也是气喘吁吁满头大汗了。好吧，我忘了一件事，在我们发力的时候身体也在做功，这时身体就会产生热量了！

科学小贴士

　　米粒提起一名叫菲利克斯·鲍姆加特纳的跳伞运动员，他就有通过摩擦空气而提升温度的体验。他曾经在 39 千米的高空进行过跳伞，当高度下降到 30 千米的时候，他的速度就已经和音速差不多了。这个速度能使他周围的气温上升好几度。但由于鲍姆加特纳跳伞时的海拔很高，温度低，所以上升的这几度对他来说并没有太大的影响。

怎样做科学小实验

　　如果一栋大楼没有了地基会怎么样？天哪，感觉很恐怖吧！没有实验的科学推测就像是这样的大楼，根本站不住！有的现象要弄清是怎么回事，我们必须要动手试试才行。想想看，如果不是伽利略在比萨斜塔上扔下两个铁球，人们怎么也不会相信重量不同的铁球会同时落地。我记得高兴说过一句"名言"："如果科学是美味佳肴，那么科学实验就是做好这些佳肴的食材。"

　　我们"科学小超人"可不会忽视了实验的重要性！你一定想不到表面看起来风平浪静的后院，其实地下暗藏着米粒的实验场。前不久为了研究煤的形成，米粒竟然收集了整整一大箱木头埋在了地下。

　　不过每当提起这个实验，我的脑海里总是会浮现小饭团团转，妄想追到自己尾巴的画面。好吧，我承认这样"宏大"的实验对我们来说有些不切实际。不过，一些科学小实验我们却可以驾轻就熟，而且实验的器材也很容易获得。比如，我们制造静电时就用到了高兴的毛衣，不管怎么说，毛衣也算得上是"精密"器材了！

　　麻雀虽小，五脏俱全，所以即使是科学小实验也有些问题需要我们注意。其中，最重要的就是安全。还记

得上次米粒用纸杯烧水吗？虽然纸杯不会燃烧，但据说米粒后来还是受到了她爸妈狂风暴雨般的批评。所以，在做这样危险的实验前，一定要和大人沟通好。即便如此，对于我们这些"非专业人士"来说，危险的实验还是少做为好。据说美国一个叫马克·苏皮斯的软件工程师，一到晚上就摇身一变成了物理学家，他在一间仓库里建起了核聚变反应堆！我想如果哪天听说米粒也制作核聚变反应堆，那要抓狂的可就不只是她的爸妈了！

其次，在实验前制订一个周密的计划也不可忽视。"前虑不定，必有大患。"这句话我们可是深有体会！每次不假思索就马上开始的实验，过程中一定会是手忙脚乱。这时如果你来看我们的实验现场，一定会惊恐地认为这里刚刚发生过暴乱，因为到处都是一片狼藉。所以事先做好周密的计划，尽量做好实验的万全准备，不仅能大大提高效率，尽早且准确地达成实验目标，而且也是安全的保证之一。说到这儿，就不得不说一下高兴了。我原以为他独自做实验时一定有十分周密的计划，我记得他一年前就说要做一部简易电话，可是就像实施他的减肥方案一样，他的电话制作总是徘徊在构思阶段，至今也没有真正开始……

图书在版编目（CIP）数据

物理真有趣 / 肖叶, 李昂著 ; 杜煜绘. –– 北京 : 天天出版社, 2022.10
（孩子超喜爱的科学日记）
ISBN 978-7-5016-1906-1

Ⅰ.①物… Ⅱ.①肖… ②李… ③杜… Ⅲ.①物理—
少儿读物 Ⅳ.①O4-49

中国版本图书馆CIP数据核字(2022)第158320号

责任编辑：王晓锐　　　　　　　　美术编辑：曲　蒙
责任印制：康远超　张　璞

出版发行：天天出版社有限责任公司
地址：北京市东城区东中街 42 号　　　　邮编：100027
市场部：010-64169902　　　　　　传真：010-64169902
网址：http://www.tiantianpublishing.com
邮箱：tiantiancbs@163.com

印刷：北京利丰雅高长城印刷有限公司　经销：全国新华书店等
开本：710×1000　1/16　　　　　　印张：8.25
版次：2022 年 10 月北京第 1 版　印次：2022 年 10 月第 1 次印刷
字数：78 千字　　　　　　　　　　印数：1-5000 册

书号：978-7-5016-1906-1　　　　　　定价：30.00 元